RECHERCHES

SUR LES

FAUNES MARINE ET MARITIME

DE LA NORMANDIE

3e VOYAGE

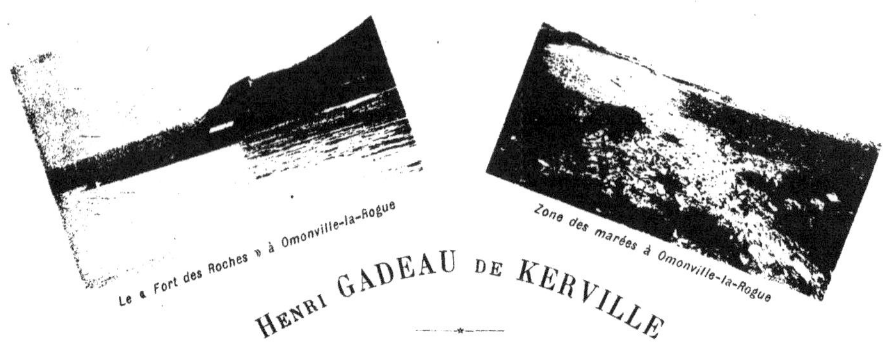

Le « Fort des Roches » à Omonville-la-Rogue

Zone des marées à Omonville-la-Rogue

HENRI GADEAU DE KERVILLE

RECHERCHES

SUR LES

FAUNES MARINE ET MARITIME DE LA NORMANDIE

3e VOYAGE

RÉGION D'OMONVILLE-LA-ROGUE (MANCHE)

ET FOSSE DE LA HAGUE

Juin-Juillet 1899

suivies de quatre mémoires d'Eugène **CANU** et **A. CLIGNY**, d'Édouard **CHEVREUX**
de Paul **MAYER** et du Dr **E. TROUESSART**
sur les Copépodes, deux espèces nouvelles d'Amphipodes et les Halacariens
récoltés pendant ce voyage
et d'un supplément aux comptes-rendus de ses deux précédents
voyages zoologiques sur le littoral de la Normandie

(Avec 4 planches et 6 figures dans le texte)

Extrait du *Bulletin de la Société des Amis des Sciences naturelles de Rouen*
(2e semestre 1900)

PARIS
LIBRAIRIE J.-B. BAILLIÈRE ET FILS
19, rue Hautefeuille
1901

La « Nina » dans le port d'Omonville-la-Rogue

Port d'Omonville-la-Rogue

A la mémoire de l'illustre Naturaliste normand

HENRY-MARIE DUCROTAY DE BLAINVILLE

Arques (Seine-Inférieure) — Paris

(12 septembre 1777 — 1er mai 1850)

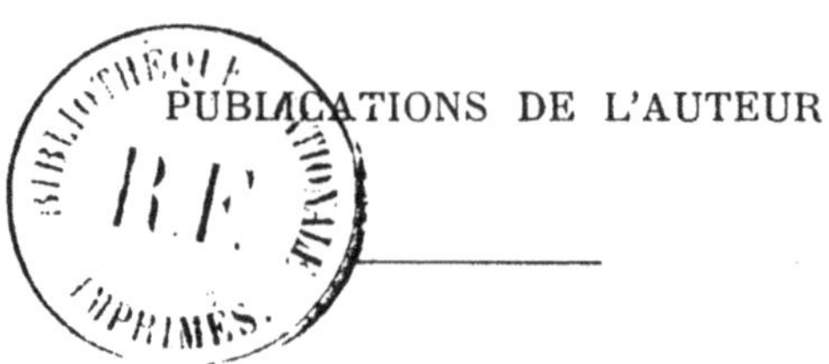

PUBLICATIONS DE L'AUTEUR

Les Insectes phosphorescents, avec 4 planches chromolithographiées, Rouen, Léon Deshays, 1881.

Les Insectes phosphorescents : Notes complémentaires et Bibliographie générale (Anatomie, Physiologie et Biologie), Rouen, Julien Lecerf, 1887.

Le Taupin des moissons, dans le Bull. de la Soc. des Amis des Scienc. natur. de Rouen, 2e sem. 1880. — Tiré à part, Rouen, Léon Deshays, 1881, (pagination spéciale).

Comptes-rendus des 19e, 20e, 21e, 22e, 23e et 24e réunions des Délégués des Sociétés savantes à la Sorbonne (Sciences naturelles), 1881, 1882, 1883, 1884, 1885 et 1886, dans le Bull. de la Soc. des Amis des Scienc. natur. de Rouen, 1er sem. des années 1881, 1882, 1883, 1884, 1885 et 1886; (l'avant-dernier avec 3 planches en noir et 1 planche en couleurs). — Tirés à part, Rouen : Léon Deshays, 1881, 1882, 1883 et 1884; Julien Lecerf, 1885 et 1886; (les trois premiers avec une pagination spéciale, et les trois autres avec la même pagination que celle du Bulletin).

Recherches physiologiques et histologiques sur l'organe de l'odorat des Insectes, par Gustav Hauser, traduit de l'allemand, avec 1 planche en noir, dans le Bull. de la Soc. des Amis des Scienc. natur. de Rouen, 1er sem. 1881. — Tiré à part, Rouen, Léon Deshays, 1881, (pagination spéciale).

Liste générale des Mammifères sujets à l'albinisme, par Elvezio Cantoni, traduction de l'italien et additions, dans le Bull. de la Soc. des Amis des Scienc. natur. de Rouen, 1er sem. 1882. — Tiré à part, Rouen, Léon Deshays, 1882, (pagination spéciale).

Les œufs des Coléoptères, par Mathias Rupertsberger, traduit de l'allemand, dans la Revue d'Entomologie, nos de juillet et d'août 1882. — Tiré à part, Caen, F. Le Blanc-Hardel, 1882, (pagination spéciale).

De l'action du Mouron rouge sur les Oiseaux, dans les Compt.-rend. hebdom. des séanc. de la Soc. de Biologie, n° 27, (séance du 8 juillet 1882). — Tiré à part, Paris, Edmond Rousset et Cie, 1882, (pagination spéciale).

De l'action du Persil sur les Psittacidés, dans les Compt.-rend. hebdom. des séanc. de la Soc. de Biologie, n° 3, (séance du 20 janvier 1883). — Tiré à part, Paris, Edmond Rousset et Cie, 1883, (pagination spéciale).

De l'action du Persil sur les Psittacidés : nouvelles expériences et notes complémentaires, Rouen, Léon Deshays, 1883.

Mélanges entomologiques, 3 mémoires, 1er semestre 1883, 2e semestre 1883, et 1er et 2e semestres 1884, dans le Bull. de la Soc. des Amis des Scienc. natur. de Rouen, 1er sem. 1883, 2e sem. 1883 et 2e sem. 1884. — Tirés à part, Rouen, Léon Deshays, 1883, 1884 et 1885, (les deux premiers avec une pagination spéciale, et le dernier avec la même pagination que celle du Bulletin).

De la structure des plumes et de ses rapports avec leur coloration, par le Dr Hans Gadow, traduit de l'anglais et annoté, avec 1 planche en noir, dans le Bull. de la Soc. des Amis des Scienc. natur. de Rouen, 1er sem. 1883. — Tiré à part, Rouen, Léon Deshays, 1883, (pagination spéciale).

Sur la manière de décrire et de représenter en couleurs les animaux à reflets métalliques, avec 1 figure dans le texte, dans le Bull. de l'Association française pour l'Avancement des Sciences, Congrès de Rouen en 1883. — Tiré à part, Paris, Secrétariat de l'Association, 1884, (pagination spéciale).

Les Myriopodes de la Normandie (1re liste), suivie de diagnoses d'espèces et de variétés nouvelles, par le Dr Robert Latzel, avec 1 planche en noir, dans le Bull. de la Soc. des Amis des Scienc. natur. de Rouen, 2e sem. 1883. — Tiré à part, Rouen, Léon Deshays, 1884, (pagination spéciale).

Les Myriopodes de la Normandie (2e liste), suivie de diagnoses d'espèces et de variétés nouvelles (de France, d'Algérie et de Tunisie), par le Dr Robert Latzel, dans le Bull. de la Soc. des Amis des Scienc. natur. de Rouen, 2e sem. 1885. — Tiré à part, Rouen, Julien Lecerf, 1886, (même pagination).

Addenda à la faune des Myriopodes de la Normandie, dans le Bull. de la Soc. des Amis des Scienc. natur. de Rouen, 1er sem. 1887. — Tiré à part, Rouen, Julien Lecerf, 1887, (pagination spéciale).

Deuxième addenda à la faune des Myriopodes de la Normandie, suivi de la description d'une variété nouvelle (var. lucida Latz.) *du Glomeris marginata* Villers, par le Dr Robert Latzel, dans le Bull. de la Soc. des Amis des Scienc. natur. de Rouen, 1er sem. 1889. — Tiré à part, Rouen, Julien Lecerf, 1890, (même pagination).

Note sur une espèce nouvelle de Champignon entomogène (Stilbum Kervillei Q.), avec 2 figures en couleurs et 2 figures en noir, dans le Bull. de la Soc. des Amis des Scienc. natur. de Rouen, 2e sem. 1883. — Tiré à part, Rouen, Léon Deshays, 1884, (pagination spéciale).

Note sur un Orque épaulard pêché aux environs du Tréport (Seine-Inférieure), dans le Bull. de la Soc. des Amis des Scienc. natur. de Rouen, 1er sem. 1884. — Tiré à part, Rouen, Léon Deshays, 1884, (même pagination).

De la reproduction de la Perruche soleil (*Conurus solstitialis* Less.) *en France,* dans le Bull. mensuel de la Soc. nationale d'Acclimatation de France, n° 7 (juillet) de 1884. — Tiré à part, Paris, Siège de la Société, 1884, (pagination spéciale).

Note sur un Canard monstrueux appartenant au genre Pygomèle, avec 1 planche en noir, dans le Journal de l'Anatomie et de la Physiologie, n° 5 (septembre-octobre) de 1884. — Tiré à part, Paris, Félix Alcan, 1884, (pagination spéciale).

Description de quatre Monstres doubles (2 Chats et 2 Poussins) appartenant aux genres Synote, Iniodyme, Opodyme et Ischiomèle, avec 1 planche en noir, dans le Journal de l'Anatomie et de la Physiologie, n° 4 (juillet-août) de 1885. — Tiré à part, Paris, Félix Alcan, 1885, (pagination spéciale).

Les Veaux à deux têtes : deux monstres doubles autositaires, avec 2 figures, dans La Nature, Paris, n° du 26 novembre 1887.

Sur un type probablement nouveau d'anomalies entomologiques, présenté par un Insecte coléoptère (*Stenopterus rufus* L.), avec 2 figures, dans Le Naturaliste, n° du 1er janvier 1889. — Tiré à part, Paris, Bureaux du Journal, 1889, (pagination spéciale).

Sur un Levraut monstrueux du genre Hétéradelphe, avec 1 figure, dans Le Naturaliste, n° du 15 décembre 1889. — Tiré à part, Paris, Bureaux du Journal, 1889, (pagination spéciale).

Expériences tératogéniques sur différentes espèces d'Insectes, avec 6 figures, dans Le Naturaliste, n° du 15 mai 1890. — Tiré à part, Paris, Bureaux du Journal, 1890, (pagination spéciale).

Sur un jeune Chien monstrueux du genre Triocéphale, avec 2 figures, dans Le Naturaliste, n° du 1er février 1891. — Tiré à part, Paris, Bureaux du Journal, 1891, (même pagination).

Description d'un Poisson et d'un Oiseau monstrueux (Aiguillat dérodyme et Goëland mélomèle), avec 1 planche en noir, dans le Journal de l'Anatomie et de la Physiologie, n° 5 (septembre-octobre) de 1892. — Tiré à part, Paris, Félix Alcan, 1892, (même pagination).

Description de quelques espèces nouvelles de la famille des Coccinellidae, avec 4 figures en couleurs, dans les Annal. de la Soc. entomologique de France, ann. 1884. — Tiré à part, Paris, E. Duruy et Cie, 1884, (figures en noir), (même pagination).

Note sur l'albinisme imparfait unilatéral chez les Lépidoptères, dans les Annal. de la Soc. entomologique de France, ann. 1885. — Tiré à part, Paris, E. Duruy et Cie, 1886, (même pagination).

Évolution et biologie des Bagous binodulus Hbst. *et Galerucella nymphaeae* L., dans les Annal. de la Soc. entomologique de France, ann. 1885. — Tiré à part, Paris, E. Duruy et Cie, 1886, (même pagination).

Évolution et biologie des Hypera arundinis Payk. *et Hypera adspersa* F. (*H. pollux* F.), dans les Annal. de la Soc. entomologique de France, ann. 1886. — Tiré à part, Paris, E. Duruy et Cie, 1886, (même pagination).

Aperçu de la faune actuelle de la Seine et de son embouchure, depuis Rouen jusqu'au Havre, dans le 2e vol. de *L'Estuaire de la Seine*, par G. Lennier, Le Havre, imprimerie du journal Le Havre, 1885. — Tiré à part, d°, (même pagination).

La faune de l'estuaire de la Seine, dans l'Annuaire des cinq départements de la Normandie (Annuaire normand), Congrès de Honfleur en 1886. — Tiré à part, Caen, Henri Delesques, 1886, (pagination spéciale).

La distribution topographique des animaux dans l'estuaire de la Seine, avec 1 figure, dans Le Naturaliste, n° du 15 mars 1888. — Tiré à part, Paris, Bureaux du Journal, 1888, (pagination spéciale).

Note sur les Crustacés schizopodes de l'estuaire de la Seine, suivie de la description d'une espèce nouvelle de Mysis (*Mysis Kervillei* G.-O Sars), par G.-O. Sars, avec 1 planche en noir, dans le Bull. de la Soc. des Amis des Scienc. natur. de Rouen, 1er sem. 1885. — Tiré à part, Rouen, Julien Lecerf, 1885, (même pagination).

Note sur un hybride bigénère de Pigeon domestique et de Tourterelle à collier, suivie de la récapitulation des hybrides unigénères et bigénères observés jusqu'alors dans l'ordre des Pigeons, dans le Bull. de la Soc. des Amis des Scienc. natur. de Rouen, 2e sem. 1885. — Tiré à part, Rouen, Julien Lecerf, 1886, (même pagination).

Note sur un nouvel hybride de Pigeon domestique et de Tourterelle à collier, dans le Bull. de la Soc. des Amis des Scienc. natur. de Rouen, 2e sem. 1891. — Tiré à part, Rouen, Julien Lecerf, 1892, (même pagination).

Causeries sur le Transformisme, Paris, C. Reinwald, 1887.

L'Aphelochirus aestivalis F. *(Hémiptère hétéroptère)*, avec 1 figure, dans Le Naturaliste, n° du 15 novembre 1887. — Tiré à part, Paris, Bureaux du Journal, 1887, (pagination spéciale).

Faune de la Normandie, fascicule I, Mammifères, avec 1 planche en noir; *fascicule II, Oiseaux* (*Carnivores, Omnivores, Insectivores et Granivores*); *fascicule III, Oiseaux* (*Pigeons, Gallinacés, Échassiers et Palmipèdes*) (*fin des Oiseaux*), avec 1 planche en noir; et *fascicule IV, Reptiles, Batraciens et Poissons; Supplément aux Mammifères et aux Oiseaux, et Liste méthodique des Vertébrés sauvages observés en Normandie*, avec 2 planches en noir; dans le Bull. de la Soc. des Amis des Scienc. natur. de Rouen, 2e sem. 1887, 1er sem. 1889, 2e sem. 1891 et 2e sem. 1896. — Tirés à part, Paris, J.-B. Baillière et fils, 1888, 1890, 1892 et 1897, (même pagination); (le tiré à part du fascicule IV contient 4 planches en noir).

Note sur une Pie commune albine, à iris rose, dans le Bull. de la Soc. des Amis des Scienc. natur. de Rouen, 2e sem. 1887.

Faut-il détruire nos Rapaces nocturnes? (note de zoologie pratique), dans le Bull. de la Soc. des Amis des Scienc. natur. de Rouen, 2e sem. 1887. — Tiré à part, Rouen, Julien Lecerf, 1888, (même pagination).

De la coloration asymétrique des yeux chez certains Pigeons métis, dans le Bull. de la Soc. des Amis des Scienc. natur. de Rouen, 2e sem. 1887. — Tiré à part, Rouen, Julien Lecerf, 1888, (même pagination).

Note sur la variation de forme des grains et des pepins chez les Vignes cultivées de l'Ancien-Monde, avec 1 planche en noir, dans le Bull. de la Soc. centrale d'Horticulture du département de la Seine-Inférieure, 4e cahier de 1887. — Tiré à part, Rouen, Espérance Cagniard, 1888, (même pagination).

Les Crustacés de la Normandie (espèces fluviales, stagnales et terrestres) (1re liste), dans le Bull. de la Soc. des Amis des Scienc. natur. de Rouen, 1er sem. 1888. — Tiré à part, Rouen, Julien Lecerf, 1888, (même pagination).

Note sur la découverte du Pélodyte ponctué dans le département de la Seine-Inférieure, dans le Bull. de la Soc. des Amis des Scienc. natur. de Rouen, 2e sem. 1888. — Tiré à part, Rouen, Julien Lecerf, 1888, (sans pagination).

Note sur la venue du Syrrhapte paradoxal en Normandie, avec 1 planche en bistre, dans le Bull. de la Soc. des Amis des Scienc. natur. de Rouen, 1er sem. 1889. — Tiré à part, Rouen, Julien Lecerf, 1890, (même pagination).

Sur l'existence du Palaemonetes varians Leach *dans le département de la Seine-Inférieure*, dans le Bull. de la Soc. zoologique de France, ann. 1890. — Tiré à part, Paris, Siège de la Société, 1890, (même pagination).

Les Animaux et les Végétaux lumineux, avec 49 figures intercalées dans le texte, (Bibliothèque scientifique contemporaine), Paris, J.-B. Baillière et fils, 1890. — Traduction allemande un peu réduite : *Die Leuchtenden Tiere und Pflanzen*, avec 27 figures dans le texte et 1 planche en noir, traduit par W. Marshall, Leipzig, J.-J. Weber, 1893.

Sur un cas d'amitié réciproque chez deux Oiseaux (Perruche et Sturnidé), avec 1 figure, dans Le Naturaliste, no du 1er août 1890. — Tiré à part, Paris, Bureaux du Journal, 1890, (même pagination).

Note sur la présence de la Genette vulgaire dans le département de l'Eure, dans le Bull. de la Soc. des Amis des Scienc. natur. de Rouen, 1er sem. 1890. — Tiré à part, Rouen, Julien Lecerf, 1890, (même pagination).

Biographie de Pierre-Eugène Lemetteil, et liste de ses travaux scientifiques, dans le Bull. de la Soc. des Amis des Scienc. natur. de Rouen, 1er sem. 1890. — Tiré à part, Rouen, Julien Lecerf, 1890, (même pagination).

Les Vieux Arbres de la Normandie, étude botanico-historique, fascicule I, avec 20 planches en phototypogravure, toutes inédites et faites sur les photographies de l'auteur; *fascicule II*, d°; *fascicule III*, avec 21 planches en photocollographie et 3 figures dans le texte, presque toutes inédites et faites sur les photographies de l'auteur; et *fascicule IV*, avec 21 planches en photocollographie, toutes inédites et faites sur les photographies de l'auteur; dans le Bull. de la Soc. des Amis des Scienc. natur. de Rouen, 2e sem. 1890, 1er sem. 1892, 2e sem. 1894 et 2e sem. 1898. — Tirés à part, Paris, J.-B. Baillière et fils, 1891, 1893, 1895 et 1899, (même pagination).

Le Chêne-chapelles d'Allouville-Bellefosse (Seine-Inférieure), avec 1 figure, dans Le Naturaliste, n° du 15 décembre 1891. — Tiré à part, Paris, Bureaux du Journal, 1891, (même pagination).

L'Aubépine de Bouquetot (Eure), avec 1 figure, dans Le Naturaliste, n° du 15 décembre 1893. — Tiré à part, Paris, Bureaux du Journal, 1893, (même pagination).

L'Orme commun de Nonant-le-Pin (Orne), avec 1 figure, dans Le Naturaliste, n° du 1er février 1896. — Tiré à part, Paris, Bureaux du Journal, 1896, (même pagination).

L'If du cimetière de Saint-Jean-le-Thomas (Manche), avec 1 figure, dans Le Naturaliste, n° du 1er décembre 1899. — Tiré à part, Paris, Bureaux du Journal, 1899, (même pagination).

Les Chênes porte-gui de la Normandie, avec deux planches en photocollographie, dans le Bull. de la Soc. des Amis des Scienc. natur. de Rouen, 2e sem. 1898. — Tiré à part, Paris, J.-B. Baillière et fils, 1899, (même pagination).

Les Chênes porte-gui de la Normandie, avec 2 figures, dans Le Naturaliste, n° du 1er mai 1900. — Tiré à part, Paris, Bureaux du Journal, 1900, (même pagination).

Note sur deux Vertébrés albins : Lapin de garenne (Lepus cuniculus L.) *et Bécasse bécassine (Scolopax gallinago* L.), dans le Bull. de la Soc. des Amis des Scienc. natur. de Rouen, 1er sem. 1891. — Tiré à part, Rouen, Julien Lecerf, 1891, (même pagination).

Colonies hibernantes de Chauves-souris, avec 1 figure, dans Le Naturaliste, n° du 15 octobre 1891. — Tiré à part, Paris, Bureaux du Journal, 1891, (même pagination).

Note sur l'historique et la variation des Chrysanthèmes cultivés (Chrysanthème de l'Inde, et Chrys. de la Chine et Chrys. du Japon), avec 1 planche en photocollographie, dans le Bull. de la Soc. centrale d'Horticulture du département de la Seine-Inférieure, 1er cahier de 1892. — Tiré à part, Rouen, Espérance Cagniard, 1892, (même pagination).

Curieuses soudures d'arbres, avec 1 figure, dans Le Naturaliste, n° du 1er août 1892. — Tiré à part, Paris, Bureaux du Journal, 1892, (même pagination).

Le Jardin des Plantes de Rouen, avec 1 figure, dans Le Naturaliste, n° du 15 février 1893. — Tiré à part, Paris, Bureaux du Journal, 1893, (même pagination).

Matériaux pour la faune normande (1re note), Oiseaux, dans le Bull. de la Soc. des Amis des Scienc. natur. de Rouen, 1er sem. 1893.

Note sur les Thysanoures fossiles du genre Machilis, et description d'une espèce nouvelle du succin (Machilis succini G. de K.), avec 1 figure dans le texte, dans les Annal. de la Soc. entomologique de France, ann. 1893. — Tiré à part, Paris, Siège de la Société, 1894, (même pagination).

Note sur des larves marines d'un Diptère du groupe des Muscidés acalyptérés et probablement du genre Actora, trouvées aux îles Chausey (Manche), avec 3 figures dans le texte, dans les Annal. de la Soc. entomologique de France, ann. 1894. — Tiré à part, Paris, Siège de la Société, 1894, (même pagination).

Les Moutons à cornes bifurquées, avec 1 figure, dans Le Naturaliste, n° du 15 mai 1894. — Tiré à part, Paris, Bureaux du Journal, 1894, (même pagination).

Curieux aspect du mycélium d'un Champignon hyménomycète, avec 1 figure, dans Le Naturaliste, n° du 1er septembre 1894. — Tiré à part, Paris, Bureaux du Journal, 1894, (même pagination).

Le Lamprocoliou chalybé, avec 1 planche en couleurs, dans L'Ami des Sciences naturelles, n° du 1er septembre 1894. — Tiré à part, Rouen, Direction du Journal, 1894, (même pagination).

Recherches sur les faunes marine et maritime de la Normandie, 1er voyage, région de Granville et îles Chausey (Manche), juillet-août 1893, suivies de deux travaux d'Eugène Canu *et du* Dr E. Trouessart *sur les Copépodes et les Ostracodes marins et sur les Acariens marins récoltés pendant ce voyage*, avec 11 planches et 7 figures dans le texte; *2e voyage, région de Grandcamp-les-Bains (Calvados) et îles Saint-Marcouf (Manche), juillet-septembre 1894, suivies de deux mémoires* d'Eugène Canu *et du* Dr E. Trouessart *sur les Copépodes et les Ostracodes marins des côtes de Normandie, et sur les Acariens marins récoltés pendant ce voyage, et d'un supplément au compte-rendu de son voyage zoologique dans la région de Granville et aux îles Chausey (Manche), en juillet-août 1893*, avec 12 planches et 5 figures dans le texte; dans le Bull. de la Soc. des Amis des Scienc. natur. de Rouen, 1er sem. 1894 et 2e sem. 1897. — Tirés à part, Paris, J.-B. Baillière et fils, 1894 et 1898, (même pagination).

Jeunes Poissons se protégeant par des Méduses, avec 1 figure, dans Le Naturaliste, n° du 1er décembre 1894. — Tiré à part, Paris, Bureaux du Journal, 1895, (même pagination).

Allocution prononcée à Elbeuf, le 12 novembre 1894, aux obsèques de Pierre Noury, Conservateur du Musée d'Histoire naturelle d'Elbeuf, Professeur de dessin à la Société industrielle de cette ville, Officier de l'Instruction publique, etc., dans le Bull. de la Soc. des Amis des Scienc. natur. de Rouen, 2e sem. 1894. — Tiré à part. Rouen, Julien Lecerf, 1894, (pagination spéciale).

Note sur la découverte, aux îles Chausey (Manche), d'une Araignée nouvelle pour la faune française [*Hilaira reproba* (Cambr.)], dans le Bull. de la Soc. des Amis des Scienc. natur. de Rouen, 2e sem. 1894. — Tiré à part, Rouen, Julien Lecerf, 1895, (même pagination).

Sur l'existence de trois cæcums chez des Oiseaux monstrueux, avec 2 figures dans le texte, dans le Bull. de l'Association française pour l'Avancement des Sciences, Congrès de Caen en 1894, 2e partie. — Tiré à part, Paris, Siège de l'Association, 1895, (même pagination).

Note sur une tête osseuse anomale de Lièvre commun, avec 1 figure dans le texte, dans le Bull. de la Soc. zoologique de France, ann. 1895. — Tiré à part, Paris, Siège de la Société, 1895, (même pagination).

Note sur une Plie franche et un Flet vulgaire atteints d'albinisme, dans le Bull. de la Soc. zoologique de France, ann. 1895. — Tiré à part, Paris, Siège de la Société, 1895, (même pagination).

Description d'une Écrevisse commune, de quatre Coléoptères et de deux Lépidoptères anomaux, avec 3 figures dans le texte, dans le Bull. de la Soc. entomologique de France, ann. 1895. — Tiré à part, Paris, Siège de la Société, 1895, (même pagination).

Une Glycine énorme, à Rouen, avec 1 figure, dans Le Naturaliste, n° du 1er août 1895. — Tiré à part, Paris, Bureaux du Journal, 1895, (même pagination).

La protection des Arbres célèbres, avec 1 figure, dans La Science française, Paris, n° du 2 août 1895.

Le troisième Congrès international de Zoologie, tenu à Leide (Hollande), du 16 au 21 septembre 1895, dans Le Naturaliste, n° du 15 octobre 1895. — Tiré à part, Paris, Bureaux du Journal, 1895, (même pagination).

Le quatrième Congrès international de Zoologie, tenu à Cambridge (Angleterre), du 23 au 27 août 1898, dans Le Naturaliste, n° du 1er octobre 1898. — Tiré à part, Paris, Bureaux du Journal, 1898, (même pagination).

Le cinquième Congrès international de Zoologie, tenu à Berlin, du 12 au 16 août 1901, dans Le Naturaliste, n° du 1er octobre 1901. — Tiré à part, Paris, Bureaux du Journal, 1901, (même pagination).

Note sur les têtes de Coqs pourvues d'ergots greffés, avec 1 figure dans le texte, dans le Bull. de la Soc. d'Étude des Scienc. natur. d'Elbeuf, ann. 1895. — Tiré à part, Elbeuf, C. Allain, 1896, (même pagination).

Perversion sexuelle chez des Coléoptères mâles, avec 1 figure dans le texte, et *Description d'un Coléoptère anomal* (*Harpalus serripes* Quensel), dans le Bull. de la Soc. entomologique de France, ann. 1896. — Tiré à part, Paris, Siège de la Société, 1896, (même pagination).

Observations relatives à ma note intitulée : « Perversion sexuelle chez des Coléoptères mâles, avec 1 figure dans le texte », *note communiquée au Congrès annuel de la Société entomologique de France (séance du 26 février 1896) et publiée dans le Bulletin de cette Société*, Rouen, Julien Lecerf, 1896.

Observations sur l'existence, en Normandie, de la Belette vison (*Mustela lutreola* L.) *ou Vison d'Europe. — Sur la découverte de cette espèce dans le département de la Seine-Inférieure*, dans le Bull. de la Soc. des Amis des Scienc. natur. de Rouen, 1er sem. 1896. — Tiré à part, Rouen, Julien Lecerf, 1896, (pagination spéciale).

Sur un très-jeune Porc monstrueux du genre Déradelphe, avec 1 figure, dans Le Naturaliste, n° du 1er septembre 1896. — Tiré à part, Paris, Bureaux du Journal, 1896, (même pagination).

Sur une tête de Souris commune présentant une éminence galéiforme de nature pathologique, avec 1 figure dans le texte, dans le Bull. de la Soc. des Amis des Scienc. natur. de Rouen, 2e sem. 1896. — Tiré à part, Rouen, Julien Lecerf, 1896, (pagination spéciale).

Les Cerisaies des environs d'Elbeuf (Seine-Inférieure), dans *Le Tout-Savoir universel ; répertoire des renseignements utiles et des connaissances pratiques*, Paris, Rueff et Cie, 1897.

Deux observations personnelles sur l'extension de la huppe, des ailes et de la queue, comme moyen de défense et d'attaque chez les Oiseaux, dans le Bull. de la Soc. zoologique de France, ann. 1897. — Tiré à part, Paris, Siège de la Société, 1897, (même pagination).

Expériences physiologiques sur le Dyticus marginalis L., dans le Bull. de la Soc. entomologique de France, ann. 1897. — Tiré à part, Paris, Siège de la Société, 1897, (même pagination).

La richesse faunique de la Normandie, dans Le Naturaliste, n° du 15 mars 1897. — Tiré à part, Paris, Bureaux du Journal, 1897, (même pagination).

Sur un Poussin monstrueux du genre Déradelphe, avec 2 figures, dans Le Naturaliste, n° du 15 juin 1897. — Tiré à part, Paris, Bureaux du Journal, 1897, (même pagination).

Sur la furcation tératologique des pattes, des antennes et des palpes chez les Insectes, avec 2 figures dans le texte, dans le Bull. de la Soc. entomologique de France, ann. 1898. — Tiré à part, Paris, Siège de la Société, 1898, (même pagination).

Description et figure de la tête d'un Veau monstrueux appartenant au genre Iniodyme, dans le Bull. de la Soc. des Amis des Scienc. natur. de Rouen, 2e sem. 1898. — Tiré à part, Rouen, Julien Lecerf, 1898, (pagination spéciale).

Note sur un jeune Lapin monstrueux du genre Acéphale, appartenant au Musée d'Histoire naturelle d'Elbeuf (Seine-Inférieure), avec 1 planche en phototypogravure, dans le Bull. de la Soc. d'Étude des Scienc. natur. d'Elbeuf, ann. 1898. — Tiré à part, Elbeuf, Allain, 1899, (même pagination).

Simples réflexions sur les rapports entre l'hybridisme et le problème de la détermination du sexe, dans le Bull. de la Soc. zoologique de France, ann. 1899. — Tiré à part, Paris, Siège de la Société, 1899, (même pagination).

I. Simples observations sur l'utilité de la radiographie dans les travaux entomologiques. — II. Description d'un Coléoptère anomal [*Calosoma scrutator* (F.)]. — *III. Capture du Bombus distinguendus* F. Moraw. *en France*, dans le Bull. de la Soc. entomologique de France, ann. 1899. — Tiré à part, Paris, Siège de la Société, 1899, (même pagination).

Description et figuration d'Actiniaires monstrueux de l'espèce Actinoloba dianthus (Ellis), *par feu l'abbé Dicquemare, du Havre, publiées et annotées par Henri Gadeau de Kerville*, avec 1 planche en photocollographie, dans le Bull. de la Soc. des Amis des Scienc. natur. de Rouen, 2e sem. 1899. — Tiré à part, Rouen, Julien Lecerf, 1900, (même pagination).

Sur un Pic épeiche (*Picus major* L.) *atteint d'albinisme imparfait*, dans le Bull. de la Soc. des Amis des Scienc. natur. de Rouen, 1er sem. 1900. — Tiré à part, Rouen, Julien Lecerf, 1900, (pagination spéciale).

Note sur la faune de la fosse de la Hague (*Manche*), dans le Bull. de la Soc. zoologique de France, ann. 1900. — Tiré à part, Paris, Siège de la Société, 1900, (même pagination).

L'accouplement des Coléoptères, avec 4 figures dans le texte, dans le Bull. de la Soc. entomologique de France, ann. 1900. — Tiré à part, Paris, Siège de la Société, 1900, (même pagination).

L'accouplement des Lépidoptères, avec 5 figures dans le texte, dans le Bull. de la Soc. entomologique de France, ann. 1901. — Tiré à part, Paris, Siège de la Société, 1901, (même pagination).

Les jeux des Oiseaux, dans La Science française et La Science pour Tous, n° du 16 mars 1900. — Tiré à part, Paris, Administration du Journal, 1900, (même pagination).

Oie domestique à tête anomale, avec 2 figures, dans Le Naturaliste, n° du 15 novembre 1900. — Tiré à part, Paris, Bureaux du Journal, 1900, (même pagination).

Description, par M. l'abbé J.-J. Kieffer, d'une nouvelle espèce de Diptère marin de la famille des Chironomidés (*Clunio bicolor*), *et renseignements sur cette espèce, découverte par M. Henri Gadeau de Kerville dans l'anse de Saint-Martin* (*côte septentrionale du département de la Manche*), *et trouvée par M. René Chevrel à Saint-Briac* (*Ille-et-Vilaine*), dans le Bull. de la Soc. des Amis des Scienc. natur. de Rouen, 2e sem. 1900. — Tiré à part, Rouen, Julien Lecerf, 1900, (sans pagination).

Note sur une récolte de Chiroptères faite, le 20 mars 1901, dans la carrière souterraine de la Briqueterie, à Mauny (Seine-Inférieure), dans le procès-verbal de la séance du 4 avril 1901, de la Soc. des Amis des Scienc. natur. de Rouen. — Tiré à part, Rouen, Julien Lecerf, 1901, (pagination spéciale).

Les Cécidozoaires et leurs Cécidies, avec 2 planches en noir et 1 figure dans le texte, dans les *Causeries scientifiques de la Société zoologique de France*, ann. 1901, nº 1, Paris, Siège de la Société, 1901.

Et cætera.

RECHERCHES

SUR LES

FAUNES MARINE ET MARITIME

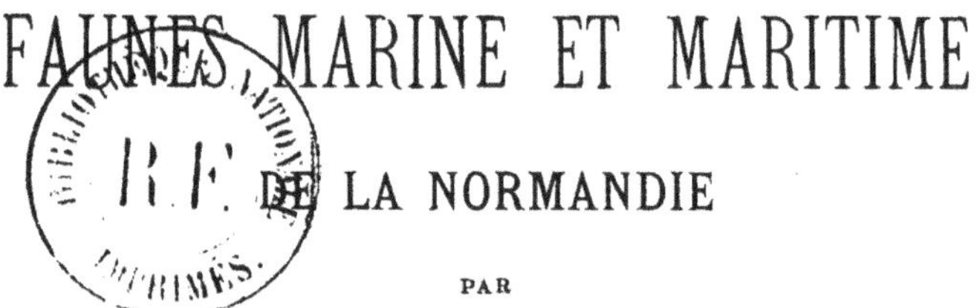

DE LA NORMANDIE

PAR

HENRI GADEAU DE KERVILLE

3e VOYAGE

RÉGION D'OMONVILLE-LA-ROGUE

(MANCHE)

ET FOSSE DE LA HAGUE

JUIN-JUILLET 1899

Suivies de quatre mémoires d'Eugène CANU et A. CLIGNY
d'Édouard CHEVREUX, de Paul MAYER et du Dr E. TROUESSART
sur les Copépodes, deux espèces nouvelles d'Amphipodes
et les Halacariens récoltés pendant ce voyage
et d'un supplément aux comptes-rendus de ses deux précédents
voyages zoologiques sur le littoral de la Normandie

Avec 4 planches et 6 figures dans le texte

PRÉFACE

Les personnes qui prennent quelque intérêt à mes travaux d'histoire naturelle connaissent le but de mes campagnes zoologiques sur le littoral normand : celui de recueillir des matériaux pour la très-longue rédaction de ma « Faune de la Normandie ». En outre, elles ne seront pas étonnées que je publie seulement en 1901 le compte-rendu d'un voyage effectué pendant l'été de 1899. En effet, après le long triage des matériaux récoltés, il est indispensable de les communiquer à des spécialistes, pour ne fournir que des renseignements tout à fait exacts, ce qui est de la plus haute importance. Étant donnée la longueur du temps nécessaire pour l'examen attentif de certaines récoltes zoologiques ; étant donné aussi que des spécialistes, livrés à d'autres travaux, ne peuvent s'occuper à bref délai de la détermination des matériaux dont il s'agit, il en résulte, dans la publication, un retard qui ne mérite point le blâme.

Ainsi que je l'ai dit dans les deux comptes-rendus précédents (op. cit.), j'ai cru devoir fixer à douze kilomètres la largeur, évidemment toute conventionnelle, de la bande littorale qu'au point de vue faunique je regarde comme normande. Exception est faite pour le petit archipel de Chausey, presque entièrement situé en dehors de cette bande, mais que la logique oblige à rattacher entièrement à la Normandie.

De plus, pour me conformer aux règles actuelles de la nomenclature des êtres organisés (op. cit., article 37), j'ai mis entre parenthèses, comme je l'ai fait dans le second des comptes-rendus en question, le nom des auteurs des espèces et des variétés, lorsque ces auteurs ne les ont pas placées dans les genres que j'indique dans les parties de ce compte-rendu qui me sont personnelles.

Je ne puis mieux terminer ces quelques lignes de préface qu'en adressant mes plus sincères remerciements aux spécialistes de grande valeur qui m'ont rendu l'inappréciable service de déterminer rigoureusement les récoltes zoologiques que j'ai faites pendant mon troisième voyage sur le littoral normand. Ces spécialistes, au nombre de vingt-huit, sont : MM. Ernest André, Alfred Bétencourt, Raphaël Blanchard, Jules Bonnier, H.-W. Brœlemann, Louis Calvet, Eugène Canu, J. Carl, Édouard Chevreux, A. Cligny, Adrien Dollfus, Louis Dupont, Albert Fauvel, A. Finot, Louis Joubin, Étienne Jourdan, Charles Julin, J.-J. Kieffer, René Kœhler, Arnould Locard, Paul Mayer, Paul Pelseneer, Auguste Puton, de Saint-Joseph, Eugène Simon, Émile Topsent, E. Trouessart et J. Villeneuve. J'exprime ma gratitude particulière à MM. Eugène Canu, Édouard Chevreux, A. Cligny, Paul Mayer et E. Trouessart, pour les précieux mémoires qu'ils ont bien voulu me rédiger, et que je suis grandement heureux de publier en ces pages.

Ce compte-rendu doit son intérêt aux savants et obligeants collaborateurs dont le nom vient d'être lu ; aussi, je leur réitère mon plus profond et cordial merci.

PREMIÈRE PARTIE

RÉCIT SOMMAIRE DU VOYAGE

C'est dans la région de Granville et aux îles Chausey (Manche) que j'ai fait, en juillet-août 1893, la première de mes campagnes zoologiques sur le littoral de la Normandie, et la seconde dans la région de Grandcamp-les-Bains (Calvados) et aux îles Saint-Marcouf (Manche), pendant l'été de 1894. Les rapports que j'en ai publiés (op. cit.) prouvent qu'elles ne furent pas sans profit, non-seulement pour la zoologie normande, mais aussi pour la zoologie générale.

Je tenais à effectuer sur les rivages du Cotentin ma troisième campagne de zoologie normande. J'avais, de plus, le vif désir d'effectuer des dragages dans la fosse de la Hague, qui, jusqu'alors, n'avait été pour ainsi dire pas explorée, par suite de la violence des courants qui règnent en ces parages et constituent un grand obstacle pour les recherches zoologiques. Une étude attentive des cartes marines, jointe aux renseignements que je m'étais procurés, me fit choisir Omonville-la-Rogue (Manche) comme centre de mes recherches sur les faunes marine et maritime dans le nord-ouest du Cotentin.

M'étant, au préalable, rendu à Omonville-la-Rogue pour traiter la question du logement et de la nourriture, et après avoir trouvé en Mme Delamer une hôtelière dont j'eus à grandement apprécier l'obligeance courtoise, j'arrivai dans ce village le 21 juin 1899. De suite, je commençai à déballer mes six cents kilos de bagages et à transformer une vaste pièce en laboratoire. Je pense qu'Omonville-la-

Rogue n'avait pas vu, au moins depuis fort longtemps, un voyageur aussi encombrant. Mon entrée ne fut nullement sensationnelle, et, pendant le mois que je passai dans cette localité pittoresque, en me livrant incessamment à des recherches zoologiques, j'éprouvai la douce satisfaction d'y être ou, du moins, de m'y sentir à peu près ignoré.

Grâce à l'inépuisable obligeance de M. Henri Joüan, capitaine de vaisseau en retraite et naturaliste fort distingué, j'entrai en rapport avec l'aimable syndic des gens de mer à Omonville-la-Rogue, M. Eugène Agnès. De plus, je trouvai en M. Léon Georget, ancien maître au cabotage, un marin fort expérimenté, connaissant admirablement bien toute la région que je me proposais d'explorer, et dont je n'eus qu'à me louer sous tous les rapports. Avec lui et l'un de ses fils, j'ai fait de longues recherches zoologiques dans son solide petit bateau la « Nina », bateau non ponté, d'une longueur totale de 5 m. 90, d'une largeur totale de 2 m. 14, et qui me permit de naviguer, dans ces dangereux parages, d'une manière beaucoup plus facile et beaucoup moins périlleuse qu'avec un bateau de plus grandes dimensions.

Au cours de ce troisième voyage zoologique sur le littoral de la Normandie, je me suis servi, pour mes récoltes d'animaux marins, de dragues, de fauberts, de filets fins de surface et de fond, de nasses et d'un chalut.

En raison de la vitesse des courants, considérable en de nombreux points des parages d'Omonville-la-Rogue et du cap de la Hague, la drague y est parfois d'un emploi presque impossible, et doit être fréquemment accompagnée, voire même remplacée, par les fauberts, dont on peut se servir sur tous les fonds et qui passent plus ou moins facilement dans les fentes des rochers, d'où ils rapportent assez souvent d'intéressants spécimens zoologiques. Mais il faut beaucoup de patience pour dégager les animaux des filaments du faubert, dans lesquels ils sont enchevêtrés.

Il est très-important d'attacher un filet fin à une distance d'environ 0 m. 50 à 1 mètre de la drague, du faubert ou du chalut. Détachés par ces trois instruments des objets où ils vivent au fond de la mer, quantité d'animaux minuscules, que l'on ne pourrait guère se procurer autrement, passent dans la poche du filet fin et, par la pression de l'eau, sont poussés contre les parois intérieures et, surtout, contre le fond de cette poche. Pour avoir en bon état cette quantité de très-petits animaux, on saisit d'une main le fond de la poche du filet, et, après avoir tordu en spirale cette poche, on la retourne et on l'agite dans un récipient assez grand, pourvu d'un bec, et préalablement rempli aux deux tiers d'eau de mer; une simple « poubelle », dont les coins servent de bec, est très-pratique. Après avoir longuement agité dans l'eau cette poche, afin d'en détacher le plus possible les petits êtres qui s'y trouvent, on opère absolument de la même manière qu'on le fait pour récolter les petits animaux qui habitent parmi les algues croissant dans la zone des marées, surtout dans celles de la famille des Corallinacées.

J'ai décrit ce mode opératoire dans le compte-rendu de mon deuxième voyage zoologique sur le littoral normand (op. cit., p. 317), mais comme de tels renseignements sont d'une incontestable utilité pour les zoologistes, je crois bon de l'indiquer une seconde fois, ce qui évitera de recourir à mon compte-rendu en question.

Voici en quoi consiste ce procédé qui, certes, n'est pas nouveau. On commence par remplir aux deux tiers environ, avec de l'eau de mer, un récipient quelconque, assez grand et pourvu d'un bec. Cela fait on récolte, à mer basse, un certain nombre de touffes d'algues, de préférence celles qui sont dans les flaques d'eau que forme le reflux, et on réunit ces touffes en un tas. Puis on les agite dans l'eau du récipient, de manière à en détacher le plus possible les petits êtres qui s'y trouvent, après quoi on fait passer toute l'eau du récipient dans un tamis dont le fond est constitué par un réseau à mailles extrêmement petites, d'autant plus étroites, cela va sans dire, que l'on veut récolter des êtres plus minuscules. On peut se procurer des tamis dont le fond se compose d'un réseau à mailles si étroites, qu'elles ne laissent point passer les Protozoaires de petites dimensions.

On a dès lors, sur le fond du tamis, une plus ou moins grande quantité de petits animaux. Avec un pinceau dont la partie inférieure présente la forme d'un parallélépipède rectangle, partie que l'on trempe au préalable dans le liquide conservateur dont on fait usage, on détache aisément du fond du tamis les petits êtres, qui adhèrent à la partie inférieure du pinceau. Enfin, on plonge cette dernière dans un flacon à large ouverture, rempli du liquide conservateur, en ayant soin d'agiter le pinceau, pour en détacher tous les petits animaux qui s'y trouvent adhérents et qui ne tardent pas à mourir dans le liquide, tombant, finalement, au fond du bocal. En pratiquant plusieurs fois cette opération, on a bientôt transporté dans le flacon les petits animaux restés sur le fond du tamis, surtout si on a eu la précaution d'incliner, en la maintenant dans l'eau, la partie inférieure de ce dernier, afin de réunir en une seule partie du fond du tamis la récolte zoologique.

Il est bon de laver une seconde fois les algues, car beaucoup de petits êtres ne se sont pas détachés au premier lavage, et certains sont plus adhérents que d'autres. Un troisième lavage ne sera pratiqué que si l'on n'a pas suffisamment d'algues à sa disposition ; autrement, il est bien préférable de faire de nouvelles récoltes de ces végétaux.

Je peux, en toute connaissance de cause, recommander cet excellent mode opératoire qui permet de recueillir en un temps relativement court, et facilement, une quantité considérable d'animaux minuscules, et de les avoir dans un parfait état de conservation.

J'avais fait construire les nasses dont je me suis servi pendant cette troisième campagne zoologique, et, comme les engins de recherches ayant un caractère plus ou moins particulier peuvent rendre de grands services à certains zoologistes, je donne plus loin, dans ce rapport, une note les concernant. Au moyen de ces nasses, j'ai recueilli d'intéressants animaux, voire même un Crustacé amphipode, non-seulement d'espèce, mais de genre nouveau, qui est décrit et figuré dans ce compte-rendu par M. Édouard Chevreux, sous le nom de *Parametopa Kervillei.*

J'ai capturé aussi, dans mes nasses, des homards dont certains étaient d'une taille fort présentable. Sans doute il serait exagéré de dire que le jour où je pris mon premier homard comptera parmi les plus beaux de mon existence; toutefois, c'est avec un vif plaisir que je le remis au patron du bateau, à l'excellent M. Georget, pour l'offrir de ma part à sa fille, qui se mariait le lendemain. Ainsi, mon premier homard devint un cadeau nuptial. Vraiment, il existe des *Homarus vulgaris* M.-E. qui sont fortunés ! Non-seulement, en effet, celui dont je parle fut mangé par une assistance où régnait la gaieté, mais ces lignes font qu'il n'est pas mort tout entier, selon l'expression courante. Si j'avais pu le consulter, il eût très-vraisemblablement dédaigné cette gloire, et m'eût exprimé le désir de regagner son habitation, en me suppliant de lui indiquer quelque moyen pour se protéger de la voracité des Poulpes (*Octopus vulgaris* Lm.) qui, alors, étaient lamentablement nombreux dans la région d'Omonville-la-Rogue.

Étant donné que, dans la région explorée par moi, il y a peu de fonds de sable, je ne me suis servi du chalut que d'une manière exceptionnelle.

Je ne crois pas devoir m'étendre davantage sur l'emploi des divers instruments dont il vient d'être question, ni des procédés pour tuer et conserver au mieux les animaux recueillis, car ces instruments et ces procédés ont été l'objet d'un certain nombre de publications qui doivent être, au moins en partie, consultées par les zoologistes explorateurs des mers.

A bord, je place dans un grand sac de voyage les bocaux où je dépose mes récoltes zoologiques, en ayant le soin de les entourer de papier ou de linges, pour éviter qu'ils ne soient brisés lorsque le roulis et le tangage ont une certaine violence. Les grands bocaux bouchés avec du liège m'occasionnaient des ennuis. En effet, comme on les débouche et les rebouche fréquemment, on n'a souvent pas le temps de les reboucher solidement ; ils se débouchent de temps à autre, et une partie du liquide, voire même une partie des animaux, en sortent parfois. Pendant cette dernière campagne, j'ai employé, avec beaucoup de commodité, des bocaux dont le bouchon se visse au goulot.

Dans les pages suivantes, je fournis les détails nécessaires sur les endroits où j'ai fait mes récoltes zoologiques, endroits teintés en rose sur la carte ci-jointe (pl. II), et qui sont : la région marine d'Omonville-la-Rogue, Omonville-la-Rogue, l'anse de Saint-Martin et une partie de la fosse de la Hague.

En outre, j'ai exploré les dunes de Vauville et une très-petite partie de la mare de ce nom, qui se trouvent au sud et, rectilignement, à environ huit kilomètres d'Omonville-la-Rogue, dunes et mare qui ne sont point indiquées sur la carte en question.

Ces différentes régions marines et terrestres appartiennent au département de la Manche et sont situées dans la partie nord-ouest du Cotentin.

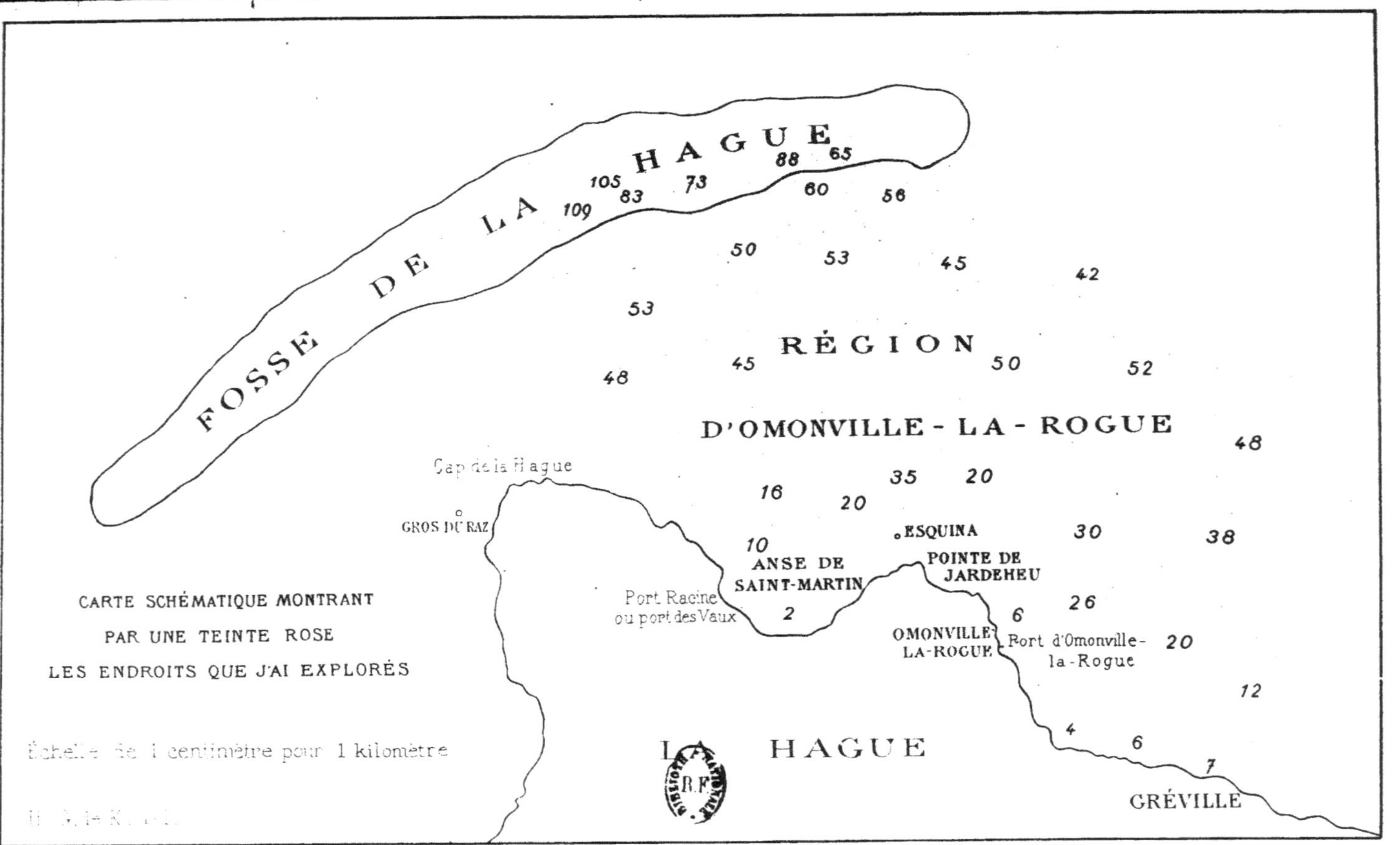
FOSSE DE LA HAGUE
RÉGION
D'OMONVILLE - LA - ROGUE
Cap de la Hague
GROS DU RAZ
ANSE DE
SAINT-MARTIN
Port Racine
ou port des Vaux
ESQUINA
POINTE DE
JARDEHEU
OMONVILLE
LA-ROGUE
Port d'Omonville-
la-Rogue
LA HAGUE
GRÉVILLE
CARTE SCHÉMATIQUE MONTRANT
PAR UNE TEINTE ROSE
LES ENDROITS QUE J'AI EXPLORÉS
Échelle de 1 centimètre pour 1 kilomètre
105 109 83 73 88 65 60 56 50 53 45 42 53 48 45 50 52 48 16 35 20 20 10 30 38 2 6 26 20 12 4 6 7

I

RÉGION MARINE D'OMONVILLE-LA-ROGUE

Ce que je désigne, dans ce compte-rendu, sous le nom de « région d'Omonville-la-Rogue » — le qualificatif « marine » étant supprimé quand il s'agit d'animaux qui vivent dans la mer — est une étendue tout à fait conventionnelle : c'est la région que j'ai explorée au point de vue faunique. Elle s'étend, du nord au sud, de la fosse de la Hague au littoral, et, de l'est à l'ouest, de Gréville jusqu'auprès du cap de la Hague. Sa longueur maximum est d'environ treize kilomètres et demi, et sa largeur maximum de huit kilomètres environ.

Les profondeurs de la région marine d'Omonville-la-Rogue sont comprises entre 0 et 60 mètres environ, ces profondeurs étant rapportées au niveau des plus basses mers observées.

Dans les indications de provenance données en les pages suivantes, j'ai eu soin de mentionner séparément les animaux marins recueillis dans la région d'Omonville-la-Rogue, dans la fosse de la Hague, dans l'anse de Saint-Martin et dans la zone des marées. Ajoutons que cette dernière est assez étroite à Omonville-la-Rogue, mais d'une assez grande largeur dans une partie de l'anse de Saint-Martin.

Les fonds de la région d'Omonville-la-Rogue sont surtout rocheux. En certains points, on trouve du sable, et, dans d'autres, du gravier.

A une faible distance du bord de la mer existent quelques rochers toujours émergés : La Foireuse, la Coque, les Torrettes, Esquina, Martiauroc, les Herbeuses, etc., qui servent constamment de points de repère aux pêcheurs. Il convient d'ajouter que, d'une part, la présence de têtes de rochers immergées à haute mer, ou toujours immergées, mais, à basse mer, atteignant presque la surface, et, d'autre part, l'existence, dans la région d'Omonville-la-Rogue, de courants très-violents, — j'ai vu tout près de moi, au cours de cette campagne, l'eau passer sur des roches avec la rapidité de l'eau d'un torrent — et aussi l'existence de remous rendent les dragages difficiles et assez dangereux dans cette région. Aussi, pour éviter des accidents qui pourraient aisément devenir mortels, est-il indispensable d'avoir, pour guider l'embarcation, un marin expérimenté, prudent, et connaissant fort bien les parages d'Omonville-la-Rogue et du cap de la Hague.

II

OMONVILLE-LA-ROGUE ET ANSE DE SAINT-MARTIN

Les personnes qui vont aux stations littorales pour jouir du brouhaha mondain et fréquenter assidûment le casino feront sagement de ne point se rendre à Omonville-la-Rogue. Elles y éprouveraient une amère déception, qui, d'ailleurs, serait de courte durée, car il leur faudrait un courage qu'elles n'auraient probablement pas, pour ne point repartir le jour même de leur arrivée.

En effet, Omonville-la-Rogue est juste l'antipode d'une station balnéaire animée, et seuls l'ami de la complète tranquillité, le naturaliste et le peintre, peuvent y faire un long séjour. De plus, les personnes dont la santé est précaire apprendraient avec effroi que pour avoir un médecin, il faut le faire venir de Cherbourg, situé à une vingtaine de kilomètres, et que si elles avaient besoin d'un médicament, le pharmacien le plus proche est à Beaumont-Hague, soit à cinq kilomètres d'Omonville-la-Rogue. C'est à vous dégoûter d'être malade en cet endroit civilisé.

Omonville-la-Rogue est un simple village qui a un peu plus de quatre cents habitants, mais dont la situation est assez pittoresque. Bâti entre des collines et la mer, il possède, préservé de la violence des vagues par une longue jetée, un petit port à fond rocheux, d'une profondeur maximum de sept mètres, profondeur rapportée au niveau des plus basses mers observées. Ce port offre donc le très-grand avantage que l'on n'a pas besoin, ni pour le départ, ni pour le retour, de se préoccuper de l'heure des marées, lorsqu'on monte de petites embarcations.

Une des choses que remarque le touriste à Omonville-la-Rogue, c'est le manque d'arbres; toutefois, la verdure y est abondamment répandue, et l'on jouit de la mer, toujours changeante, d'une captivance infinie, et que ne se lassent jamais de contempler ceux qui ne sont point dépourvus de goûts artistiques. La mer est un spectacle qui charme et retient longtemps les regards. On aime à rester dans la contemplation de cette immensité mobile, et l'esprit, se laissant bercer par le bruit monotone des vagues, s'abandonne à de douces rêveries, souvent mélancoliques.

Au pied d'une falaise et fermant, à droite en regardant la mer, le port d'Omonville-la-Rogue, se trouve un petit fort transformé en villa : le Fort des Roches. A gauche du port d'Omonville-la-Rogue s'étend une plage qui, vraiment, est déplorable pour les promeneurs. En effet, la partie supérieure de la zone des marées ne se compose, ni de sable, si agréable aux pieds, ni de petits galets bien arrondis, sur lesquels on marche facilement quand on en possède l'habitude, mais surtout de morceaux de rochers brisés, qui martyrisent les pieds non protégés par d'épaisses chaussures. De plus, la zone des marées n'a, dans cet endroit, qu'une minime largeur, ce qui est très-défavorable pour les recherches biologiques, tout aussi bien que pour les personnes qui aiment à se promener dans cette zone.

Des Cormorans se tiennent volontiers sur les rochers toujours émergés qui se trouvent dans le voisinage immédiat du littoral. La surface de l'un d'eux est même en partie devenue blanche par les excréments de ces oiseaux qui attendent immobiles, pendant des heures, la venue d'un poisson à leur portée, pour se précipiter dessus avec une grande adresse et l'engloutir. Ces Cormorans ne sont nullement farouches, et je devais faire un certain bruit pour qu'ils s'envolassent. Ils ont dû me considérer, et avec raison, comme un être malfaisant, très-dissemblable aux braves pêcheurs qui, journellement, passent près d'eux sans les déranger.

Étant donné que les bestiaux aiment à se frotter contre le tronc des arbres, on conserve ou l'on plante, dans la partie centrale des herbages, un ou plusieurs arbres que l'on coupe en têtard. Attirés à ces arbres par leur ombrage et le plaisir de s'y frotter, les bestiaux y vont de la périphérie de l'herbage, et réciproquement, d'où il résulte que leurs excréments sont disséminés, ce que l'on veut obtenir.

Mais dans les herbages situés sur les hauteurs et à proximité de la mer, entre Cherbourg et Omonville-la-Rogue, les arbres font à peu près défaut. Aussi, pour les remplacer, on a mis, dans la partie centrale des herbages, une grande pierre dressée verticalement. Ces pierres, auxquelles on a donné le nom très-significatif de « frottoirs », ont une couleur sombre et proviennent du sol de cette région, constitué par des schistes granitisés. Elles ont l'aspect de menhirs, ce qui m'a fait souventes fois penser, en les regardant, à l'amusante méprise que commettrait un naïf amateur de préhistoire, qui enverrait à une société savante un mémoire sur l'abondance des menhirs dans cette région du Cotentin.

Au nord-ouest et à deux kilomètres du port d'Omonville-la-Rogue est un sémaphore, connu sous le nom de « sémaphore de la pointe de Jardeheu », à partir duquel se trouve, à l'ouest, une anse d'assez vastes dimensions. C'est l'anse de Saint-Martin. Elle est importante au point de vue zoologique, parce que, dans sa partie orientale, la zone des marées est d'une assez grande largeur, abondamment pourvue d'algues, possédant aussi de petites prairies de Zostère marine, et riche en animaux variés. Dans la partie occidentale de cette anse se trouvent, près d'un port minuscule : le port Racine ou port des Vaux, des endroits qui doivent être visités par les zoologistes. Dans ces endroits, la zone des marées se compose de rochers déchiquetés par les vagues et sur lesquels existe en abondance une algue calcaire du genre *Lithothamnion*. En soulevant à mer basse les pierres, et en faisant éclater des rochers, à l'aide d'un instrument approprié à cet usage, on fait de fructueuses récoltes d'animaux.

A l'anse de Saint-Martin, la partie orientale de la zone des marées est surtout rocheuse. Il en est de même de la partie occidentale. Dans la partie centrale on trouve, par places, du gravier et du sable. Quant aux fonds toujours immergés de cette anse, ils sont principalement sableux.

Le cap de la Hague n'a rien absolument d'imposant. Il ne se compose, en effet, que de rochers bas formant une pointe dans la mer.

Pour l'étude de la géologie d'Omonville-la-Rogue et de ses environs, étude qui est complexe, je renvoie les lecteurs à la feuille des Pieux (op. cit.) de la carte géologique détaillée de la France.

Dans la région d'Omonville-la-Rogue, les flots rejettent une grande quantité d'algues dans la partie supérieure de la zone des marées. Une partie de ces algues sert à fumer les terres ; l'autre partie est brûlée pour obtenir ce que l'on nomme la « soude de varech ». A cet effet, des gens ramassent les algues et les mettent sécher au soleil et au vent sur la grève, puis les déposent dans des cuves ayant la forme d'un tronc de cône. Ces cuves, dont le fond et les parois sont faits avec des pierres, au bord de la mer, ont une profondeur de 0 m. 40 environ, et l'orifice, un peu plus grand que le fond, a un diamètre d'environ 1 m. 10. Le résultat de l'incinération de ces algues — opération laborieuse et qui produit une fumée bien désagréable — est une matière dure et d'une couleur grise noirâtre, qui contient différents sels de soude dont le plus important de beaucoup est le carbonate de soude. La masse résultant de l'incinération est ensuite mise en morceaux qui sont expédiés aux fabriques de produits chimiques.

Pendant mon séjour à Omonville-la-Rogue, j'ai assisté à la fête de ce village, — la Saint-Jean — qui a lieu chaque année le 24 juin. Dans un carrefour près de l'église on avait apprêté un feu de joie, au centre duquel se dressait un arbre garni de son feuillage. C'était un spectacle curieux et un peu diabolique de voir des gamins frapper à coups redoublés, au moyen de perches, sur le feu de joie qui flambait de toutes parts. Des gens, m'a-t-on dit, emportent de petits morceaux de bois carbonisés provenant de ce feu, pour garantir leur habitation de la foudre. Oh, superstition ! Un vieux casier à homards — un claie à homards, pour me servir du mot que les pêcheurs de ces localités emploient au masculin — était attaché dans le haut de l'arbre. Vraisemblablement, ce casier à homards, vide de tout animal, est mis là par tradition, et constitue une réminiscence de ces barbares cérémonies de jadis, où l'on enfermait des animaux dans une cage ou un panier placé au-dessus d'un feu de joie, au grand plaisir des spectateurs qui riaient et criaient de satisfaction en voyant les infortunés animaux se tordre et mourir dans de cruelles souffrances. Nous sommes heureusement un peu moins barbares au seuil du vingtième siècle. Cependant, les courses de taureaux ont un puissant et lamentable attrait pour des milliers de gens qui, au fond, ne sont pas plus féroces que d'autres.

Ma passion pour l'histoire naturelle et mon désir d'employer mes journées le mieux que je le pouvais firent que, même le jour de la fête nationale, je ne laissai pas tranquilles invertébrés et vertébrés. Mais, le soir venu, je fêtai le 14 juillet et pris part à la décoration de l'hôtel Delamer, en aidant à suspendre aux fenêtres quelques lanternes vénitiennes. La vérité m'oblige de reconnaître que la fête nationale ne fut pas célébrée à Omonville-la-Rogue avec un éclat tout particulier, selon la formule habituelle ; mais il y avait une incontestable bonne volonté. Que pouvait-on demander de plus en ce modeste village ?

Comme vous le voyez, chers lecteurs, les distractions — et quelles distractions ! — ne me firent point défaut en ce coin pittoresque de la terre normande.

III

FOSSE DE LA HAGUE ET SA FAUNE

Les paragraphes qui suivent, concernant la fosse de la Hague et sa faune, sont la reproduction, un peu augmentée, d'une note (op. cit.) que j'ai communiquée à la Société zoologique de France, et qui a paru dans son Bulletin.

Il existe dans la Manche, dont la profondeur moyenne est d'une soixantaine de mètres environ, plusieurs dépressions. La plus vaste de beaucoup se trouve, en partie, dans la région centrale de cette mer, au nord d'Aurigny, de Guernesey et des Sept-Iles. Par cela même, elle porte le nom de « fosse centrale », et elle possède des profondeurs atteignant presque 180 mètres, qui sont les profondeurs maxima de la Manche.

A un petit nombre de kilomètres des côtes septentrionalo-occidentales du département de la Manche, c'est-à-dire près de la partie nord-ouest du Cotentin, appelée « La Hague », se trouve une fosse beaucoup plus petite que la fosse centrale, et qui, en raison de son voisinage de cette région du Cotentin, a reçu le nom de « fosse de la Hague ».

Jusqu'alors, cette fosse était presqu'inexplorée au point de vue zoologique, malgré les exhortations réitérées de notre éminent collègue, M. G. Lennier, conservateur du Muséum d'Histoire naturelle du Havre.

En 1884, M. Lennier avait émis le vœu que la Société linnéenne de Normandie fît, auprès des Ministres de la Marine et de l'Instruction publique, des démarches, afin de pouvoir exécuter des dragages dans la fosse de la Hague.

Des pourparlers furent alors engagés avec le Ministre de la Marine, par l'intermédiaire de M. Henri Joüan, capitaine de vaisseau en retraite, dont la science et l'ardeur pour l'histoire naturelle sont bien connues. Ces pourparlers aboutirent à la mise à la disposition des zoologistes normands d'un bâtiment et des agrès nécessaires, et ce fut une question de détail qui, seule, empêcha la réalisation du projet.

Onze ans plus tard, M. Lennier insistait à nouveau, devant la même Société, sur l'urgence qu'il y aurait à faire des dragages dans la fosse de la Hague, ajoutant qu'il serait pénible de voir une expédition anglaise ou autre venir effectuer, à deux pas de notre sol, des recherches que le patriotisme nous commande de ne point laisser faire par des étrangers.

Malgré les chaleureuses et multiples exhortations de M. Lennier, des dragages fructueux n'avaient pas, jusqu'en 1899, été opérés dans les profondeurs de la fosse de la Hague, et un petit nombre d'hameçons à Congres étaient à peu près les seuls instruments de pêche que l'on eût descendus dans ces profondeurs.

En 1889, M. Lennier avait donné, dans la partie orientale de cette fosse, par des profondeurs comprises entre 60 et 80 mètres, quelques coups de drague qui ne lui avaient procuré qu'un bien maigre butin.

Pendant ma campagne de 1899 dans la région d'Omonville-la-Rogue, j'ai scruté les profondeurs, presqu'inviolées, de la fosse de la Hague, et je puis répondre au desideratum de M. Lennier. Évidemment, les animaux que j'ai recueillis ne sauraient donner qu'une faible idée de la faune de cette vaste dépression, car des années de persévérantes recherches sont nécessaires pour connaître à peu près entièrement la faune d'une seule localité un peu étendue. Quoi qu'il en soit, je peux dire que la faune de la fosse de la Hague est la même que celle de la région comprise entre cette fosse et la côte septentrionale du Cotentin, et, de plus, que cette faune paraît moins riche en espèces que la faune de la région marine en question.

Rien n'autorisait à faire croire que la fosse de la Hague, dont les plus grandes profondeurs atteignent à peine

110 mètres, — profondeurs très-minimes en comparaison de celles qui existent dans la plus grande partie des océans — pût avoir des animaux particulièrement intéressants. Il était, au contraire, tout naturel de supposer que la faune de cette dépression n'était autre que la faune littorale. Par mes recherches, j'ai transformé en certitude cette hypothèse des plus probables.

La fosse de la Hague (voir à son égard la planche II, intercalée en face de la page 152) est située au nord et au nord-ouest de la partie septentrionalo-occidentale du département de la Manche, connue sous le nom de « La Hague », et sa distance minimum au littoral de ce département est de trois kilomètres. Elle présente la forme d'une bande un peu courbe, de largeur faiblement irrégulière, dont l'extrémité orientale se trouve à hauteur d'Omonville-la-Rogue, et l'extrémité occidentale entre l'île d'Aurigny et le cap de la Hague, plus près de ce dernier, et à hauteur du rocher connu sous le nom de « Gros du Raz », situé dans les parages du cap de la Hague et surmonté d'un phare. La longueur rectiligne de cette fosse est d'environ 14 kilomètres et demi, et sa largeur moyenne d'à peu près 1.250 mètres. Les profondeurs sont comprises entre 63 et 109 mètres, profondeurs rapportées au niveau des plus basses mers observées. Quant aux fonds, ils se composent de roches et de gravier, le sable y étant rare. La drague m'a rapporté des galets pesant de 700 à 1.700 grammes, et du gravier semblable à celui que l'on trouve, par places, dans la partie centrale de la zone des marées de l'anse de Saint-Martin.

Il importe d'ajouter que la délimitation de la fosse de la Hague est conventionnelle, car cette dépression n'est pas limitée par une ligne de pentes abruptes. Par son voisinage du département de la Manche, la fosse de la Hague se trouve en entier dans la bande littorale, d'une largeur conventionnelle de douze kilomètres, qu'au point de vue faunique je rattache à la Normandie.

Au cours de ma campagne zoologique en question, j'ai

exploré la partie orientale de la fosse de la Hague, ainsi que la partie centrale, où se trouve le fond maximum de 109 mètres, et j'y ai dragué jusqu'à une profondeur de 105 mètres environ. Pour mes recherches zoologiques dans cette fosse, je me suis servi de dragues, de fauberts et de filets fins de fond. J'y avais mis des nasses en bois et en filet, de petites nasses en toile métallique et des hameçons à Congres; le tout, relié ensemble, fut perdu.

Étant données l'inégalité des fonds de la fosse de la Hague, et, tout particulièrement, la violence des courants dans cette région de la Manche, les dragages y sont difficiles, malgré les faibles profondeurs.

On peut théoriquement draguer quatre fois par journée de vingt-quatre heures dans cette fosse, au moment où les courants sont le plus affaiblis, soit à la molle marée de basse mer et à la molle marée de pleine mer, — pour employer les expressions des pêcheurs — molles marées qui ont lieu, à la fosse de la Hague, deux heures et demie environ après la basse mer ou la pleine mer. Mais il n'est pas pratique d'y travailler la nuit. De plus, il vaut mieux faire les dragages pendant la molle marée de basse mer, parce que les courants sont alors plus faibles que pendant la molle marée de pleine mer, et parce que l'on a un peu plus de temps pour travailler. Enfin, il est bien préférable de draguer pendant les marées de quartier, les courants étant moins forts que pendant les marées de syzygies. Dans les grandes marées, il n'y a pour ainsi dire pas de molle marée, ni après la basse mer, ni après la pleine mer. En définitive, on voit que pour amoindrir les difficultés des dragages dans la fosse de la Hague, il convient d'y travailler pendant la molle marée diurne de basse mer, lors des marées de quartier. Dans ces conditions les plus avantageuses, et même avec des temps calmes, on n'y peut draguer que pendant trois quarts d'heure, tout au plus une heure. En dehors de cette brève durée, les courants sont plus ou moins violents, et la drague ne peut pas fonctionner de manière convenable. Elle s'accroche facilement au fond ; le bateau est alors immobilisé, et, si l'on veut lui rendre sa liberté, on risque fort de déterminer la rupture du câble de la drague. Je puis, à bon escient, parler de ces difficultés.

Étant donné qu'il faut des conditions particulières pour draguer avec peu de difficultés dans la fosse de la Hague, j'ai voulu profiter des jours où ces conditions étaient réalisées. Aussi, sur les trois fois que j'ai fait des recherches dans la fosse en question, j'y suis allé deux fois avec deux barques : l'une montée par M. Léon Georget et l'un de ses fils, sur laquelle je me trouvais, et l'autre montée par deux hommes auxquels j'avais appris le mode d'emploi des instruments dont ils avaient à se servir. Cette barque restait à une distance d'environ un à deux hectomètres de celle où j'étais, afin que ces hommes pussent entendre les observations de M. Georget et les miennes.

Évidemment je n'ai récolté, dans la fosse de la Hague, qu'une faible partie des espèces animales qu'on y peut trouver ; mais elles suffisent pour me permettre de dire que cette dépression n'a qu'une faune littorale, semblable à celle que j'ai attentivement examinée entre cette fosse et le département de la Manche [1]. Il importait, en effet, de comparer la faune de la fosse de la Hague avec celle des parties avoisinantes.

A titre de renseignement, voici le nom des espèces que j'ai récoltées dans la fosse de la Hague, et qui, indubitablement, appartiennent à la faune littorale. Ces espèces furent recueillies à des profondeurs comprises entre 70 et 105 mètres environ.

(1) MM. Eugène Canu et A. Cligny sont arrivés à la même conclusion par l'examen de mes récoltes de Crustacés copépodes. Voir, à cet égard, leur mémoire inséré plus loin dans ce compte-rendu.

Leucosolenia coriacea (Mont.).
Sycon ciliatum (O. Fabr.).
Sycon raphanus O. Schm.
Halichondria panicea (Pall.).
Stelletta Grubei O. Schm.
Sertularia operculata L.
Sertularia argentea Ell. et Sol.
Sertularia abietina L.
Cribrella sanguinolenta (Müll.).
Solaster papposus Forb.
Ophiothrix fragilis (Abildg.) *var. pentaphyllum* Ljg.
Psammechinus miliaris (Gm.).
Lysianax ceratinus A.-O. Walker.
Jassa pusilla (G.-O. Sars).
Caprella linearis Bate.
Caprella fretensis Stebb.
Macromysis flexuosa (Müll.).
Virbius viridis (Otto).
Leander serratus (Penn.).
Porcellana longicornis (Penn.).
Pilumnus hirtellus (L.).
Nymphon gracile Leach.
Halacarus Basteri (Johnst.).
Halacarus loricatus Lohm.
Lohmannella Kervillei Trt.
Flustra foliacea L.
Cellepora avicularis Hcks.
Syllis prolifera Krohn.
Nereis pelagica L.
Gibbula cineraria (L.).
Zizyphinus conuloïdes (Lm.).
Phasianella picta (da Costa).
Phasianella dubia (Mtros.).
Lacuna quadrifasciata (Mont.).
Lacuna pallidula (da Costa).
Turbonilla lactea (L.).
Ocinebra aciculata (Lm.).
Buccinum undatum L.
Donovania minima (Mont.).
Dendronotus arborescens (Müll.).
Cynthia glomerata Ald.
Polyclinum aurantium M.-E.
Polyclinum sabulosum Giard

et des Crustacés copépodes.

En cette note, je suis heureux de pouvoir donner quelques renseignements sur la faune de la fosse de la Hague, jusqu'alors inconnue. J'ai, d'autre part, le regret d'enlever l'espérance à ceux qui pouvaient s'imaginer que cette dépression renfermait peut-être des trésors zoologiques; toutefois, en matière de science, la vérité doit suffire.

Non-seulement la faune en question est simplement littorale, — ce qui à priori était évident — mais elle est d'une richesse médiocre.

Si l'on veut rattacher la faune de la fosse de la Hague à l'une des divisions bathymétriques de la zone littorale, prise dans son sens le plus large, c'est-à-dire opposée à la zone abyssale, il convient de la rattacher à la zone connue sous la très-défectueuse appellation de zone des Corallines, — car ces algues n'y sont nullement limitées — zone que Paul Fischer a nommée : zone des grands Buccins. Mais ces divisions ne sont exactes que dans certaines régions, car nos classifications, toujours plus ou moins arbitraires, ne sauraient, de façon rigoureuse, enchâsser la nature.

IV

DUNES ET MARE DE VAUVILLE

Au sud et, rectilignement, à environ huit kilomètres d'Omonville-la-Rogue se trouvent, à Vauville, des dunes qui se prolongent au sud de cette commune. Ces dunes séparent de la mer un vaste étang de forme très-allongée, possédant une abondante végétation, et connu sous le nom de « mare de Vauville ». Son grand axe, d'une longueur d'un kilomètre et demi environ, est presque parallèle au littoral, et sa largeur moyenne dépasse 150 mètres.

Il est bien probable que, jadis, les flots pénétraient dans la dépression que cet étang occupe aujourd'hui ; mais, par suite de la formation des dunes qui le séparent entièrement de la mer, l'eau y devint de moins en moins salée, et finalement douce. Les animaux et les végétaux que l'on trouve actuellement dans cet étang appartiennent à la faune et à la flore des eaux douces; mais il n'est aucunement impossible que les vagues ne parviennent un jour, pendant les grandes marées, à se livrer passage dans les dunes qui séparent l'étang de la mer, dont la largeur moyenne est d'une centaine de mètres, et que la mer reprenne son territoire perdu.

Afin d'être bien fixé sur la composition de l'eau de la mare de Vauville, j'en ai pris, le 7 juillet 1899, un échantillon (3/4 de litre environ) que j'ai remis à mon savant collègue, M. Albert Gascard, professeur à l'École de Médecine et de Pharmacie de Rouen.

Il résulte de l'analyse qu'il a bien voulu me faire que cette eau ne contenait, par litre, que 0 gr. 20 environ de chlorures se répartissant approximativement ainsi : chlorure de sodium, 0 gr. 05 ; chlorure de magnésium, 0 gr. 05, et chlorure de calcium, 0 gr. 10. Étant donné que l'eau de la Manche contient environ 27 gr. 06 de chlorure de sodium par kilogramme, on peut dire que l'eau de la mare de Vauville doit être considérée comme étant une eau douce.

Les dunes de Vauville, et surtout celles de Biville qui en sont le prolongement méridional, offrent un aspect fort pittoresque. On y voit de véritables petites montagnes composées d'un sable fin et brillant, dont quelques-unes ont un cratère central. C'est un plaisir de descendre dans de tels petits cratères ; mais, les pieds s'enfonçant dans le sable, la descente est rapide et l'escalade laborieuse. Des dunes entourent aussi des espaces arrondis, constituant des cirques particuliers.

Très-intéressantes pour les zoologistes, les dunes et la mare de Vauville sont une localité privilégiée pour les botanistes, qui peuvent y recueillir des espèces d'une plus ou moins grande rareté en Normandie, telles que : *Lagurus ovatus* L., *Asparagus prostratus* Dumort, *Potamogeton zizii* Mert. et Koch, *Orobanche caryophyllacea* Sm., etc.

Pendant deux jours, en juillet 1899, j'ai fait des recherches zoologiques dans les dunes de Vauville et capturé des animaux aquatiques sur une faible étendue de la périphérie de la mare en question. Pendant la première de ces deux journées, j'ai eu le très-vif plaisir d'avoir, comme compagnon d'excursion, l'auteur de la « Nouvelle Flore de Normandie », M. L. Corbière, botaniste éminent, dont l'amabilité rivalise avec la science.

Cheminant sur les dunes et regardant, en cet endroit désert, la plaine liquide que des brumes faisaient, par intervalles, disparaître à nos regards, nous aperçûmes un douanier. Après avoir sollicité l'autorisation — obligeamment accordée — de nous installer dans sa cabane rustique pour y déjeuner, l'un de nous lui demanda s'il avait capturé des contrebandiers. Non, répondit le brave homme; d'ailleurs, notre présence est surtout un moyen « prophylactique ». Ce mot savant nous étonna, et de suite le douanier nous apprit qu'il était un ancien instituteur. Aussi, ce fut sans la crainte d'être considérés par lui comme des êtres bizarres, — ce qui arrive si fréquemment aux naturalistes — que nous nous livrâmes à nos recherches captivantes.

V

DESCRIPTION DES NASSES EMPLOYÉES PENDANT CETTE CAMPAGNE

Grâce aux figures ci-jointes, que mon excellent Collègue, M. A.-L. Clément, a dessinées d'après mes indications, je puis décrire succinctement les nasses en question, dont les unes sont en bois et les autres en toile métallique.

Les nasses en bois (fig. 1) forment des pyramides triangulaires. Elles se composent de trois panneaux rectangulaires en bois, tous trois semblables à celui que montre la figure 1, et rendus plus solides par des équerres métalliques vissées dans les quatre angles de chaque panneau. Ces équerres sont fixées à l'intérieur dans le panneau médian, qui constitue la base de la nasse, et à l'extérieur dans les deux autres panneaux. A la face interne des trois panneaux est cloué, sur les parties en bois, le filet, dont les mailles doivent être en corde solide. Trois charnières en cuir épais (*b*), solidement vissées dans le bois, relient le panneau médian aux deux autres. Ces charnières sont fixées à l'extérieur dans le panneau de base, et à l'intérieur dans les deux autres panneaux, afin qu'ils puissent être mis l'un sur l'autre quand la nasse est démontée. Deux troncs de cône en osier, dont la grande ouverture est inscrite dans un triangle également en osier, occupent les deux bouts de la pyramide triangulaire. Pour monter cette nasse, on commence par attacher solidement les deux triangles en osier avec le panneau de base et avec celui qui se trouve de l'autre côté du panneau que représente la figure 1 (sur le triangle de gauche, dans cette figure, les attaches sont faites en *c*, *c*, et en *d*, *d*). Les troncs de cône en osier doivent être construits de manière que leurs ouvertures intérieures ne soient pas en face l'une de l'autre. Il importe, en outre, que les rayons en osier s'écartent un peu les uns des autres à leur extrémité, et ne soient pas tous d'égale longueur, afin que les animaux entrés dans la nasse trouvent, s'ils voulaient en sortir, une ouverture hérissée de pointes divergentes. Puis on fixe très-solidement, aux deux bouts de la partie supérieure du panneau situé en arrière de celui que représente la figure en question, un câble qui passe dans un solide anneau métallique. Étant donné que cette partie horizontale en bois supporte tout le poids de la nasse, à la descente comme à la relevée, il convient d'augmenter sa solidité au moyen d'une tringle plate métallique, de la même longueur qu'elle, et de deux équerres métalliques placées à l'intérieur, dans chacun des angles supérieurs de ce panneau. L'anneau est pris dans un porte-mousqueton auquel est fixée l'une des extrémités du câble de la nasse. Il est nécessaire que la partie supérieure de ce porte-mousqueton puisse tourner dans tous les sens, afin d'éviter l'enroulement du câble de la nasse, sous l'action des vagues et des courants. Pour terminer le montage de la nasse, il n'y a plus qu'à y mettre l'appât convenable, puis à fixer solidement, au moyen de cordes (*a*, *a*), le panneau que montre la figure 1 avec son correspondant, et à lester

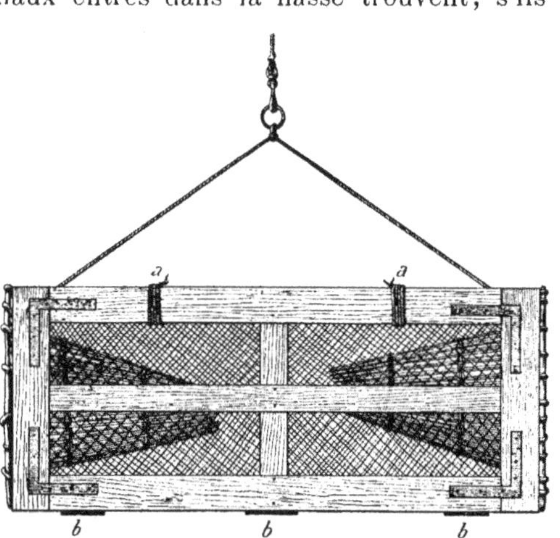

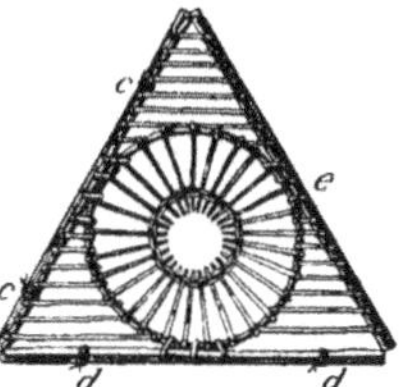

Figure 1.

la nasse, soit au moyen de galets placés dans des sacs en grosse toile que l'on attache aux quatre coins inférieurs de la nasse, ou seulement à deux coins situés diagonalement, soit à l'aide de pierres dont la partie médiane, un peu moins large, permet qu'on y enroule solidement une corde. Pour ouvrir la nasse, il suffit d'enlever les attaches *a, a;* le panneau *e* ne tenant plus que par les charnières *b*. J'avais fait construire des nasses en bois de deux grandeurs. Voici les dimensions des panneaux de chacune d'elles : 1 m. 10 × 0 m. 60, et 1 m. × 0 m. 50. Il est bon de fixer un numéro à l'intérieur des nasses, pour les distinguer l'une de l'autre.

Quant à mes petites nasses en toile métallique, elles se composent, ainsi que le montre la figure 2, d'un cylindre (*a*)

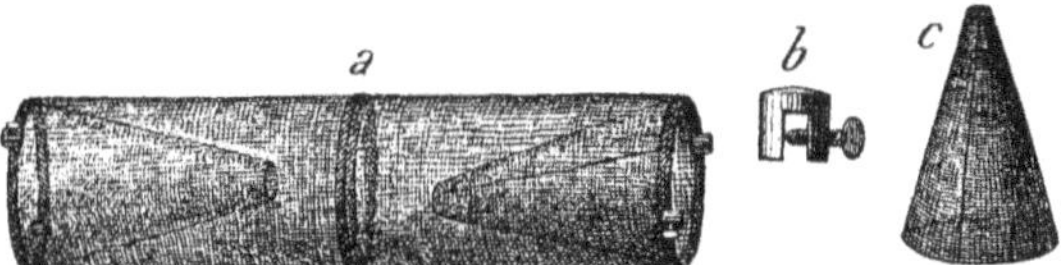

Figure 2.

attaché à trois cercles métalliques. Deux troncs de cône (*c*), également en toile métallique, sont placés aux deux bouts du cylindre en question, et fixés au cercle de chaque extrémité du cylindre à l'aide de deux pinces métalliques particulières (*b*), dont la vis maintient solidement l'un contre l'autre, dans la partie entaillée, le cercle métallique et le bord de la grande ouverture du tronc de cône. Pour mettre l'appât dans ces nasses et en retirer les animaux capturés, il va sans dire qu'il suffit d'enlever l'un des troncs de cône en question. J'avais fait exécuter deux sortes de nasses en toile métallique : les unes en fil de fer galvanisé, d'une longueur de 0 m. 40 et d'un diamètre de 0 m. 13 ; les autres en fil de laiton, de même longueur et d'un diamètre de 0 m. 11.

Les nasses décrites ici m'ont donné des résultats satisfaisants.

DEUXIEME PARTIE

RÉSULTATS ZOOLOGIQUES DU VOYAGE

Je crois devoir reproduire ici, en les modifiant légèrement, les cinq paragraphes suivants, que j'ai publiés au commencement de la deuxième partie du compte-rendu de mon second voyage sur le littoral de la Normandie :

Sans nul doute, l'énumération méthodique suivante des espèces et des variétés d'animaux que j'ai recueillis pendant cette troisième campagne zoologique présente de très-grandes lacunes. Il ne pouvait en être différemment, car, quelle que soit l'activité que l'on déploie pour explorer pendant quelques semaines, au point de vue de la zoologie, une région même restreinte, on ne peut évidemment en connaître qu'une minime partie de la faune. Les lacunes en question sont d'autant plus grandes, que j'ai tenu à récolter des animaux appartenant à la plupart des groupes zoologiques principaux, depuis les Spongiaires jusqu'aux Poissons inclusivement.

Quoi qu'il en soit, ces matériaux sont loin, dans leur ensemble, d'être privés d'intérêt au point de vue faunique, et leur énumération mérite, à mon sens, d'être publiée, d'autant plus que ces matériaux m'ont été fort obligeamment déterminés par des spécialistes d'une très haute compétence, et que, d'autre part, je peux certifier l'exactitude de l'indication des localités d'où ils proviennent, puisque c'est moi-même qui les ai récoltés.

Comme il existe tous les degrés de transition entre une

espèce nouvelle pour la science et une espèce des plus vulgaires, relativement à leur importance zoologique, et que les espèces même les plus communes présentent souvent un grand intérêt scientifique, j'énumère dans cette deuxième partie, ainsi que je l'ai fait dans les comptes-rendus de mes deux précédentes campagnes zoologiques sur le littoral normand (op. cit.), toutes les espèces et toutes les variétés animales que j'ai recueillies au cours de mon voyage, et dont je possède la détermination rigoureuse.

Quant aux détails sur les localités mentionnées dans cette deuxième partie, ils sont donnés dans la première, à laquelle je prie les lecteurs de vouloir bien se reporter au besoin.

Voici, énumérées suivant une classification ascendante,— qui certes est plus logique que les classifications descendantes — les espèces et les variétés animales que j'ai récoltées pendant ma troisième campagne zoologique sur le littoral de la Normandie :

SPONGIAIRES

(12 espèces et 1 variété d'une espèce non comprise dans les précédentes)

Ces Spongiaires m'ont été déterminés par M. Émile Topsent.

Leucosolenia coriacea (Mont.). — Fosse de la Hague, à une profondeur d'environ 70 à 80 mètres.

Sycon ciliatum (O. Fabr.). — Région d'Omonville-la-Rogue, par des profondeurs comprises entre 0 et 60 mètres, et dans la fosse de la Hague, par des profondeurs d'environ 70 à 105 mètres; assez commun.

Sycon raphanus O. Schm. — Région d'Omonville-la-Rogue, dans la zone des marées et jusqu'à 35 mètres environ de profondeur, et dans la fosse de la Hague, par des profondeurs comprises entre 70 et 105 mètres environ ; assez commun.

Grantia compressa (O. Fabr.). — Région d'Omonville-la-Rogue, entre 0 et 50 mètres de profondeur.

Spongelia fragilis (Mont.) **var. irregularis** Ldf. — Région d'Omonville-la-Rogue, par des profondeurs de 0 à 50 mètres.

Halichondria panicea (Pall.). — Anse de Saint-Martin (Manche), près du port Racine ou port des Vaux, dans la zone des marées, et dans la fosse de la Hague, par des profondeurs de 70 à 80 mètres environ.

Reniera cinerea (Grant). — Anse de Saint-Martin, près du port Racine ou port des Vaux, dans la zone des marées.

Reniera simulans (Johnst.). — Région d'Omonville-la-Rogue, dans la zone des marées.

Esperella aegagropila (Johnst.). — Région d'Omonville-la-Rogue, par des profondeurs d'environ 30 à 35 mètres.

Plumohalichondria plumosa (Mont.). — Région d'Omonville-la-Rogue, dans la zone des marées.

Raspailia ramosa (Mont.). — Région d'Omonville-la-Rogue, à une profondeur d'environ 50 à 60 mètres.

Hymeniacidon caruncula Bwk. — Anse de Saint-Martin, près du port Racine ou port des Vaux, dans la zone des marées.

Stelletta Grubei O. Schm. — Fosse de la Hague, à une profondeur comprise entre 85 et 105 mètres environ.

POLYPES

(10 espèces)

HYDROÏDES

(9 espèces)

La détermination de ces Polypes hydroïdes m'a été faite par M. Alfred Bétencourt.

Antennularia ramosa Lm. — Région d'Omonville-la-Rogue, entre 0 et 50 mètres de profondeur, et entre 50 et 60 mètres environ.

Antennularia antennina (L.). — Région d'Omonville-la-Rogue, par des profondeurs de 0 à 50 mètres.

Hydrallmania falcata (L.). — Région d'Omonville-la-Rogue, par des profondeurs de 50 à 60 mètres environ.

Sertularia pumila L. — Région d'Omonville-la-Rogue, dans la zone des marées, fixé sur des Fucacées.

Sertularia gracilis Hassall. — Région d'Omonville-la-Rogue, entre 0 et 50 mètres de profondeur, et entre 50 et 60 mètres environ.

Sertularia operculata L. — Région d'Omonville-la-Rogue, par des profondeurs de 50 à 60 mètres environ, et dans la fosse de la Hague, par des profondeurs d'environ 70 à 105 mètres ; assez commun.

Sertularia argentea Ell. et Sol. — Région d'Omonville-la-Rogue, par des profondeurs de 0 à 60 mètres, et dans la fosse de la Hague, par des profondeurs d'environ 70 à 105 mètres ; assez commun.

Sertularia abietina L. — Région d'Omonville-la-Rogue, par des profondeurs de 0 à 50 mètres, et dans la fosse de la Hague, par des profondeurs d'environ 70 à 105 mètres, commun dans cette fosse.

Sertularella rugosa (L.). — Région d'Omonville-la-Rogue, à environ 45 mètres de profondeur.

CORALLIAIRES

(1 espèce)

Je dois à M. Étienne Jourdan la détermination de cette espèce.

Anemonia sulcata (Penn.). — Région d'Omonville-la-Rogue, dans la zone des marées, commun. Les individus de cette espèce et d'autres du même groupe sont désignés, par les pêcheurs de cette région, sous le nom de *Bœufs de mer*.

ÉCHINODERMES

(8 espèces et 1 variété dépendant d'une de ces espèces)

Ces Échinodermes m'ont été déterminés par M. René Kœhler.

Cribrella sanguinolenta (Müll.). — Région d'Omonville-la-Rogue, par des profondeurs comprises entre 0 et 60 mètres, assez commun, et dans la fosse de la Hague, par des profondeurs de 70 à 105 mètres environ, commun.

Solaster papposus Forb. — Fosse de la Hague, entre 70 et 105 mètres environ.

Asterina gibbosa (Penn.). — Région d'Omonville-la-Rogue, dans la zone des marées et jusqu'à 50 mètres de profondeur, et dans la zone des marées de l'anse de Saint-Martin, près du port Racine ou port des Vaux, sur les pierres et les algues, commun.

Ophioglypha albida (Forb.). — Région d'Omonville-la-Rogue, par des profondeurs comprises entre 0 et 50 mètres.

Amphiura elegans (Leach). — Région d'Omonville-la-Rogue, dans la zone des marées et jusqu'à 50 mètres de profondeur, et, à l'anse de Saint-Martin, dans la zone des marées, près du port Racine ou port des Vaux, et à une profondeur de 10 à 15 mètres environ ; commun.

Ophiothrix fragilis (Abildg.). — Région d'Omonville-la-Rogue, par des profondeurs comprises entre 0 et 60 mètres, et, dans l'anse de Saint-Martin, par des profondeurs comprises entre 10 et 15 mètres environ ; commun.

Ophiothrix fragilis (Abildg.) **var. pentaphyllum** Ljg. — Région d'Omonville-la-Rogue, par des profondeurs comprises entre 0 et 60 mètres, et dans la fosse de la Hague, par des profondeurs d'environ 70 à 105 mètres ; assez commun.

Antedon rosacea (Blainv.). — Mes récoltes d'*Antedon rosacea* sont une nouvelle preuve de ce fait bien connu que certaines espèces d'Échinodermes sont très-localisées dans leur habitat. En effet, au cours de mes recherches dans la région d'Omonville-la-Rogue, je n'ai dragué cette Comatule que par des profondeurs d'environ 30 à 35 mètres, sur un fond de roches au large et dans le voisinage du rocher connu sous le nom d'Esquina, où cette espèce est commune.

Psammechinus miliaris (Gm.). — Fosse de la Hague, par des profondeurs de 70 à 105 mètres environ.

CRUSTACÉS

(117 espèces)

COPÉPODES

(35 espèces)

Les Copépodes dont les noms suivent m'ont été déterminés par MM. Eugène Canu et A. Cligny. Pour les renseignements qui les concernent, je renvoie les lecteurs au savant mémoire que ces deux naturalistes ont rédigé à mon intention, et qui est inséré plus loin dans ce compte-rendu.

Calanus finmarchicus (Gunn.).

Pseudocalanus elongatus Boeck.

Acartia Clausi Giesbr.

Temora longicornis (Müll.).

Centropages typicus Kröy.

Centropages hamatus (Lillj.).

Parapontella brevicornis (Lubb.).

Euryte longicauda Phil.

Ectinosoma minutum (Claus).

Ectinosoma melaniceps Boeck.

Microsetella atlantica B. et R.

Euterpe acutifrons (Dana).

Amymone sphaerica Claus.

Stenhelia ima G. Brady.

Diosaccus tenuicornis (Claus).

Laophonte serrata (Claus).

Laophonte thoracica Boeck.

Laophonte similis (Claus).

Laophonte curticauda Boeck.

Dactylopus tisboïdes Claus.

Dactylopus similis Claus.

Dactylopus brevicornis Claus.

Thalestris rufocincta Norm.

Thalestris Clausi Norm.

Thalestris hibernica B. et R.

Westwoodia nobilis (W. Baird).

Harpacticus chelifer (Müll.).

Zaus spinosus Claus.

Alteutha bopyroïdes Claus.

Porcellidium fimbriatum Claus.

Idya furcata (W. Baird).

Scutellidium fasciatum (Norm.).

Asterocheres Kervillei Canu.

Collocheres Canui Giesbr.

Acontiophorus ornatus (B. et R.).

AMPHIPODES

(45 espèces)

La détermination de ces Amphipodes m'a été faite par M. Édouard Chevreux; les espèces des genres *Phtisica, Pseudoprotella* et *Caprella* ont été revues par M. Paul Mayer.

Orchestia littorea (Mont.). — Région d'Omonville-la-Rogue, dans la partie supérieure de la zone des marées, très-commun, particulièrement sous les algues rejetées par le flux.

Orchestia mediterranea A. Costa. — Région d'Omonville-la-Rogue, dans la partie supérieure de la zone des marées, assez commun, particulièrement sous les algues rejetées par le flux.

Lysianax ceratinus A.-O. Walker. — Région d'Omonville-la-Rogue, par des profondeurs comprises entre 0 et 55 mètres, et dans la fosse de la Hague, par des profondeurs d'environ 70 à 80 mètres.

Orchomenella nana (Kröy.). — Région d'Omonville-la-Rogue, par des profondeurs comprises entre 0 et 60 mètres environ. J'ai recueilli cette espèce en très-grande quantité dans des nasses immergées, dans cette région, par des profondeurs d'environ 15 à 20 et 55 mètres. Ces *Orchomenella* se tenaient principalement sur la face interne de la carapace et dans les masses d'œufs des *Maïa squinado* (Hbst.) qui, mis en morceaux, me servaient d'appât dans mes nasses.

Urothoë elegans Bate. — Région d'Omonville-la-Rogue, entre 0 et 50 mètres de profondeur.

Ampelisca tenuicornis Lillj. — Région d'Omonville-la-Rogue, par des profondeurs comprises entre 0 et 50 mètres. Cette espèce n'avait pas encore, à ma connaissance, été signalée en Normandie.

Parametopa Kervillei Éd. Chevr., **nov. sp.** — Région d'Omonville-la-Rogue, dans une nasse à 55 mètres de profondeur environ, une femelle ovifère. — Voir, au sujet de cette espèce nouvelle pour la science, le savant mémoire de M. Édouard Chevreux, inséré plus loin dans ce compte-rendu.

Cressa dubia (Bate). — Région d'Omonville-la-Rogue, par des profondeurs comprises entre 0 et 50 mètres.

Paramphithoë bicuspis (Kröy.). — Région d'Omonville-la-Rogue, par des profondeurs comprises entre 40 et 60 mètres environ.

Apherusa bispinosa (Bate). — Région d'Omonville-la-Rogue, dans la zone des marées et par des profondeurs comprises entre 0 et 50 mètres, et, à l'anse de Saint-Martin, dans la zone des marées et par des profondeurs de 10 à 15 mètres environ; commun.

Apherusa borealis (Boeck). — Région d'Omonville-la-Rogue, dans la zone des marées. Cette espèce est, je le crois, nouvelle pour la Normandie.

Apherusa Jurinei (M.-E.). — Anse de Saint-Martin, par des profondeurs de 10 à 15 mètres environ.

Paratylus guttatus (A. Costa). — Région d'Omonville-la-Rogue, par des profondeurs comprises entre 0 et 60 mètres environ, assez commun.

Dexamine spinosa (Mont.). — Région d'Omonville-la-Rogue, dans la zone des marées et par des profondeurs comprises entre 0 et 50 mètres, et, dans l'anse de Saint-Martin, par des profondeurs d'environ 10 à 15 mètres ; assez commun.

Dexamine thea Boeck. — Anse de Saint-Martin, dans la zone des marées.

Gammarellus homari (F.). — Région d'Omonville-la-Rogue, dans une nasse mise par environ 55 mètres de profondeur. Cette espèce n'avait pas encore, que je sache, été signalée en Normandie.

Gammarus marinus Leach. — Région d'Omonville-la-Rogue et anse de Saint-Martin, dans la zone des marées, très-commun.

Gammarus locusta (L.). — Région d'Omonville-la-Rogue, par des profondeurs comprises entre 0 et 50 mètres.

Melita palmata (Mont.). — Région d'Omonville-la-Rogue, dans la zone des marées et par des profondeurs comprises entre 0 et 50 mètres.

Melita obtusata (Mont.). — Région d'Omonville-la-Rogue, par des profondeurs d'environ 55 à 60 mètres.

Melita gladiosa Bate. — Région d'Omonville-la-Rogue, par des profondeurs comprises entre 0 et 50 mètres.

Maera Othonis (M.-E.). — Région d'Omonville-la-Rogue, par des profondeurs comprises entre 0 et 50 mètres, assez commun.

Maera Batei Norm. — Région d'Omonville-la-Rogue, par des profondeurs comprises entre 0 et 50 mètres.

Cheirocratus Sundevalli (Rathke). — Région d'Omonville-la-Rogue, par des profondeurs comprises entre 0 et 50 mètres.

Lilljeborgia picta Norm. — Région d'Omonville-la-Rogue, par des profondeurs comprises entre 0 et 50 mètres. Cette espèce est, je le crois, nouvelle pour la Normandie.

Microdeutopus gryllotalpa A. Costa. — Région d'Omonville-la-Rogue, dans la zone des marées.

Aora gracilis Bate. — Région d'Omonville-la-Rogue, par des profondeurs comprises entre 0 et 50 mètres.

Gammaropsis maculata (Johnst.). — Région d'Omonville-la-Rogue, par des profondeurs comprises entre 0 et 50 mètres, assez commun.

Amphithoë rubricata (Mont.). — Région d'Omonville-la-Rogue, dans la zone des marées, assez commun.

Amphithoë Vaillanti H. Luc. — Anse de Saint-Martin, par des profondeurs d'environ 10 à 15 mètres. Je crois que cette espèce est nouvelle pour la Normandie.

Pleonexes gammaroïdes Bate. — Anse de Saint-Martin, par des profondeurs d'environ 10 à 15 mètres.

Jassa falcata (Mont.). — Région d'Omonville-la-Rogue, par des profondeurs comprises entre 0 et 50 mètres, et dans une nasse mise à environ 55 mètres de profondeur.

Jassa pusilla (G.-O. Sars). — Région d'Omonville-la-Rogue, par des profondeurs d'environ 55 à 60 mètres, et dans la fosse de la Hague, par des profondeurs comprises entre 70 et 80 mètres environ. Cette espèce est, je le crois, nouvelle pour la Normandie.

Erichthonius abditus (Templ.). — Région d'Omonville-la-Rogue, par des profondeurs comprises entre 0 et 50 mètres, assez commun.

Erichthonius difformis M.-E. — Anse de Saint-Martin, près du port Racine ou port des Vaux, dans la zone des marées.

Siphonoecetes Colletti Boeck. — Anse de Saint-Martin, par des profondeurs d'environ 10 à 15 mètres. Cette espèce n'avait pas encore, à ma connaissance, été signalée en Normandie.

Dulichia porrecta Bate. — Région d'Omonville-la-Rogue. Cette espèce est, je le crois, nouvelle pour la Normandie.

Colomastix pusilla Grube. — Région d'Omonville-la-Rogue, par des profondeurs d'environ 30 à 35 mètres.

Phtisica marina Slabber. — Région d'Omonville-la-Rogue, par des profondeurs comprises entre 0 et 50 mètres.

Pseudoprotella phasma (Mont.). — Région d'Omonville-la-Rogue, entre 0 et 50 mètres de profondeur.

Caprella acanthifera Leach. — Région d'Omonville-la-Rogue, dans la zone des marées.

Caprella erethizon P. Mayer, **nov. sp.** — Région d'Omonville-la-Rogue, à environ 30 mètres de profondeur. Voir, au sujet de cette espèce nouvelle pour la science, le savant mémoire de M. Paul Mayer, inséré plus loin dans ce compte-rendu.

Caprella linearis Bate. — Région d'Omonville-la-Rogue, par des profondeurs comprises entre 50 et 60 mètres environ, et dans la fosse de la Hague, entre 85 et 105 mètres environ.

Caprella fretensis Stebb. — Région d'Omonville-la-Rogue, par des profondeurs comprises entre 0 et 50 mètres, et dans la fosse de la Hague, entre 70 et 80 mètres environ.

Caprella acutifrons Desm. — Région d'Omonville-la-Rogue, par des profondeurs comprises entre 0 et 50 mètres.

ISOPODES

(8 espèces)

Ces Isopodes m'ont été déterminés par M. Adrien Dollfus.

Armadillidium vulgare (Latr.). — Région d'Omonville-la-Rogue, sous les pierres au bord de la mer, très-commun.

Porcellio scaber Latr. — Région d'Omonville-la-Rogue, sous les pierres au bord de la mer, très-commun, et dans les dunes de Vauville (Manche), commun.

Ligia oceanica (L.). — Région d'Omonville-la-Rogue, dans la zone des marées, sous les pierres et les détritus végétaux, très-commun.

Sphaeroma serratum (F.). — Région d'Omonville-la-Rogue, et à l'anse de Saint-Martin, près du port Racine ou port des Vaux, dans la zone des marées, sous les pierres, commun.

Idotea linearis (L.). — Anse de Saint-Martin, par des profondeurs d'environ 10 à 15 mètres, commun.

Idotea tricuspidata Desm. — Anse de Saint-Martin, par des profondeurs d'environ 10 à 15 mètres, commun.

Cirolana Cranchi Leach. — Région d'Omonville-la-Rogue, par des profondeurs comprises entre 0 et 50 mètres, et dans une petite nasse métallique mise à environ 55 mètres de profondeur; assez commun.

Apseudes Latreillei (M.-E.). — Région d'Omonville-la-Rogue, dans la zone des marées et jusqu'à environ 40 mètres de profondeur, et dans l'anse de Saint-Martin, entre 10 et 15 mètres environ.

LEPTOSTRACÉS

(1 espèce)

C'est M. Jules Bonnier qui m'a déterminé l'espèce suivante.

Nebalia Geoffroyi M.-E. — Région d'Omonville-la-Rogue, dans une nasse immergée à environ 55 mètres de profondeur.

SCHIZOPODES

(4 espèces)

La détermination de ces Schizopodes m'a été faite par M. Jules Bonnier.

Neomysis vulgaris (Kröy.). — Région d'Omonville-la-Rogue, dans la zone des marées, commun.

Mysis spiritus Norm. — Région d'Omonville-la-Rogue, dans la zone des marées et à une profondeur d'environ 30 à 35 mètres.

Mysis mixta G.-O. Sars. — Région d'Omonville-la-Rogue, entre 0 et 50 mètres de profondeur.

Macromysis flexuosa (Müll.). — Région d'Omonville-la-Rogue, par des profondeurs comprises entre 0 et 50 mètres, et dans la fosse de la Hague, entre 85 et 105 mètres environ.

DÉCAPODES

(24 espèces)

C'est M. Jules Bonnier qui m'a déterminé les espèces suivantes de Crustacés décapodes.

Virbius viridis (Otto). — Région d'Omonville-la-Rogue, dans la zone des marées et par des profondeurs comprises entre 0 et 50 mètres, très-commun; dans l'anse de Saint-

Martin, entre 10 et 15 mètres environ de profondeur, et dans la fosse de la Hague, entre 85 et 105 mètres environ.

Leander squilla (L.). — Région d'Omonville-la-Rogue, dans la zone des marées.

Leander serratus (Penn.). — Région d'Omonville-la-Rogue, dans la zone des marées, très-commun, et entre 0 et 50 mètres de profondeur; et dans la fosse de la Hague, entre 85 et 105 mètres environ.

Pandalus annulicornis Leach. — Région d'Omonville-la-Rogue, à environ 55 mètres de profondeur.

Hippolyte varians Leach. — Région d'Omonville-la-Rogue, dans la zone des marées; par des profondeurs comprises entre 0 et 50 mètres, très-commun, et à environ 55 à 60 mètres de profondeur; et, à l'anse de Saint-Martin, dans la zone des marées et entre 10 et 15 mètres de profondeur environ.

Hippolyte Cranchi Leach. — Région d'Omonville-la-Rogue, par des profondeurs comprises entre 0 et 50 mètres, et dans la zone des marées de l'anse de Saint-Martin.

Homarus vulgaris M.-E. — Les Homards vulgaires sont, d'une façon générale, assez communs dans la région d'Omonville-la-Rogue. On en capture un plus grand nombre pendant les années où leurs ennemis mortels, les Poulpes vulgaires (*Octopus vulgaris* Lm.), sont peu abondants. Or, en 1899, ces Céphalopodes étaient fort nombreux dans la région d'Omonville-la-Rogue. J'ai pris, dans mes nasses, un petit nombre de homards. Pour se garantir de leurs pinces, redoutables chez les gros individus, les pêcheurs enfoncent, dans chacune d'elles, une petite tige de bois, un coin, dans la partie basilo-externe du dactylopodite, afin que ce dernier reste en contact avec le prolongement du propodite, et que l'animal ne puisse plus ouvrir ses pinces. Dans la région dont il s'agit, cette opération s'appelle « coinser un homard ».

Galathea intermedia Lillj. — Région d'Omonville-la-Rogue, par des profondeurs comprises entre 0 et 50 mètres.

Porcellana platycheles (Penn.). — Anse de Saint-Martin, dans la zone des marées, près du port Racine ou port des Vaux.

Porcellana longicornis (Penn.). — Région d'Omonville-la-Rogue, par des profondeurs comprises entre 0 et 50 mètres environ et entre 55 et 60 mètres environ, très-commun ; dans l'anse de Saint-Martin, entre 10 et 15 mètres environ, et dans la fosse de la Hague, entre 85 et 105 mètres environ.

Eupagurus cuanensis (W. Thomps.). — Région d'Omonville-la-Rogue, dans la zone des marées. Les pêcheurs de cette région désignent les différents Eupagures sous le nom de *Militaires*, nom qu'ils emploient au masculin.

Eupagurus bernhardus (L.). — Région d'Omonville-la-Rogue, entre 5 et 60 mètres de profondeur environ. Relativement au nom vulgaire de cette espèce, voir les lignes qui précèdent.

Ebalia tuberosa (Penn.). — Région d'Omonville-la-Rogue, entre 0 et 50 mètres de profondeur.

Ebalia Cranchi Leach. — Région d'Omonville-la-Rogue, entre 0 et 50 mètres de profondeur.

Portunus puber (L.). — Région d'Omonville-la-Rogue, entre 0 et 50 mètres de profondeur. Les pêcheurs de cette région désignent ce Crustacé sous le nom vulgaire d'*Étrille*, qu'ils emploient au féminin.

Portunus holsatus F. — Région d'Omonville-la-Rogue, entre 0 et 50 mètres de profondeur.

Carcinus maenas (Penn.). — Région d'Omonville-la-Rogue, dans la zone des marées. Ce Crustacé est désigné, par les pêcheurs de cette région, sous les noms de *Crabe enragée* et de *Crabe verte*, noms qu'ils emploient au féminin.

Pilumnus hirtellus (L.). — Région d'Omonville-la-Rogue, à environ 50 mètres de profondeur, et dans la fosse de la Hague, par des profondeurs comprises entre 70 et 105 mètres environ.

Pirimela denticulata (Mont.). — Région d'Omonville-la-Rogue, dans la zone des marées.

Platycarcinus pagurus (L.). — Région d'Omonville-la-Rogue, dans la zone des marées. Ce Crustacé est désigné, par les pêcheurs de cette région, sous le nom de *Clospoint*, nom qu'ils emploient au masculin.

Maïa squinado (Hbst.). — Cette espèce est commune dans la région d'Omonville-la-Rogue. Les pêcheurs de cette région désignent le *Maïa squinado* sous les noms généraux de *Crabe* et de *Crabe de seine*, qu'ils emploient au féminin. Ils désignent séparément le mâle, la femelle et le jeune sous les noms de *Crablé*, *Crabe* et *Moussard*. Ce Crustacé est très-employé comme appât pour la pêche, après avoir été mis en morceaux tout vivant.

Pisa tetraodon (Penn.). — Région d'Omonville-la-Rogue, par des profondeurs comprises entre 0 et 50 mètres, et entre 55 et 60 mètres environ.

Inachus dorhynchus Leach. — Région d'Omonville-la-Rogue, à environ 50 mètres de profondeur.

Macropodia rostrata (L.). — Région d'Omonville-la-Rogue, entre 0 et 50 mètres de profondeur, et dans l'anse de Saint-Martin, entre 10 et 15 mètres environ.

PYCNOGONIDES

(6 espèces)

Je dois à M. Émile Topsent la détermination des espèces suivantes de Pycnogonides, connus aussi sous le nom très-justifié de Pantopodes.

Ammothea longipes Hodge. — Région d'Omonville-la-Rogue, par des profondeurs comprises entre 0 et 50 mètres.

Ammothea echinata (Hodge). — Région d'Omonville-la-Rogue, par des profondeurs comprises entre 0 et 50 mètres, assez commun.

Nymphon gracile Leach. — Région d'Omonville-la-Rogue, par des profondeurs d'environ 55 à 60 mètres, et dans la fosse de la Hague, par des profondeurs de 85 à 105 mètres environ ; assez commun.

Pallene brevirostris Johnst. — Région d'Omonville-la-Rogue, par des profondeurs comprises entre 0 et 50 mètres, assez commun.

Phoxichilus spinosus (Mont.). — Région d'Omonville-la-Rogue, par des profondeurs comprises entre 0 et 60 mètres.

Pycnogonum littorale (Ström). — Anse de Saint-Martin, entre 10 et 15 mètres de profondeur environ.

ARACHNIDES

(34 espèces et 1 variété d'une espèce non comprise dans les précédentes)

C'est M. Eugène Simon qui m'a déterminé l'Opilione et les Araignées dont les noms suivent.

OPILIONES

(1 espèce)

Phalangium opilio L. — Dunes de Vauville.

ARAIGNÉES

(20 espèces)

Pellenes tripunctatus (F.). — Dunes de Vauville.

Salticus scenicus (Clerck). — Région d'Omonville-la-Rogue, au bord de la mer.

Pardosa arenicola (Cambr.). — Région d'Omonville-la-Rogue, sous une pierre au bord de la mer, et à l'anse de Saint-Martin (Manche), courant sur les galets du littoral.

Pardosa riparia C.-L. Koch. — Dunes de Vauville.

Pardosa monticola (Clerck). — Dunes de Vauville.

Lycosa piratica (Clerck). — Dunes de Vauville.

Lycosa terricola (Thor.). — Dunes de Vauville.

Lycosa perita Latr. — Dunes de Vauville.

Argyroneta aquatica (Clerck). — Mare de Vauville.

Micariosoma festivum (C.-L. Koch). — Région d'Omonville-la-Rogue, sous une pierre au bord de la mer.

Xysticus cristatus (Clerck). — Région d'Omonville-la-Rogue, sous une pierre au bord de la mer.

Araneus x-notatus Clerck. — Région d'Omonville-la-Rogue, au bord de la mer.

Araneus adianta (Walck.). — Dunes de Vauville.

Lephthyphantes tenebricola (Wider). — Région d'Omonville-la-Rogue, au bord de la mer.

Tetragnatha extensa (L.). — Dunes de Vauville.

Theridion denticulatum Walck. — Région d'Omonville-la-Rogue, au bord de la mer.

Melanophora subterranea (C.-L. Koch). — Région d'Omonville-la-Rogue, sous les pierres au bord de la mer.

Melanophora petrensis (C.-L. Koch). — Dunes de Vauville.

Dysdera erythrina Latr. — Région d'Omonville-la-Rogue, sous les pierres au bord de la mer, assez commun.

Amaurobius Erberi Keys. — Région d'Omonville-la-Rogue, sous les pierres au bord de la mer.

ACARIENS

(13 espèces et 1 variété d'une espèce non comprise dans les précédentes)

Non-seulement M. E. Trouessart m'a déterminé les espèces suivantes d'Acariens, mais il m'a rédigé, à leur égard, un savant mémoire inséré plus loin dans ce compte-rendu, et qu'il importe de consulter pour les détails concernant ces espèces.

Rhombognathus pascens Lohm. — Anse de Saint-Martin, dans la zone des marées.

Rhombognathus Seahami (Hodge). — Anse de Saint-Martin, dans la zone des marées.

Rhombognathus magnirostris Trt. — Anse de Saint-Martin, dans la zone des marées.

Agaue brevipalpus Trt. — Anse de Saint-Martin, près du port Racine ou port des Vaux, dans la zone des marées.

Halacarus Chevreuxi Trt. — Anse de Saint-Martin, dans la zone des marées, et dans la région d'Omonville-la-Rogue, par environ 30 mètres de profondeur.

Halacarus Basteri (Johnst). — Anse de Saint-Martin, dans la zone des marées et à environ 10 à 15 mètres de profondeur, et dans la fosse de la Hague, entre 75 et 105 mètres environ.

Halacarus longipes Trt. — Anse de Saint-Martin, dans la zone des marées.

Halacarus loricatus Lohm. — Fosse de la Hague, par des profondeurs comprises entre 70 et 105 mètres environ. Cette espèce est nouvelle pour les côtes de France.

Halacarus gracilipes Trt. — Anse de Saint-Martin, dans la zone des marées, et dans la région d'Omonville-la-Rogue, par 30 mètres environ de profondeur.

Halacarus gibbus Trt. **var. britannica** Trt. — Anse de Saint-Martin, près du port Racine ou port des Vaux, dans la zone des marées.

Halacarus oculatus Hodge. — Anse de Saint-Martin, près du port Racine ou port des Vaux, dans la zone des marées.

Halacarus Fabriciusi Lohm. — Anse de Saint-Martin, près du port Racine ou port des Vaux, dans la zone des marées.

Lohmannella falcata (Hodge). — Région d'Omonville-la-Rogue, par environ 30 mètres de profondeur.

Lohmannella Kervillei Trt. — Anse de Saint-Martin, près du port Racine ou port des Vaux, dans la zone des marées, et dans la fosse de la Hague, entre 75 et 105 mètres de profondeur environ.

MYRIOPODES

(5 espèces)

La détermination de ces Myriopodes m'a été faite par M. H.-W. Brœlemann.

Lithobius forficatus (L.). — Région d'Omonville-la-Rogue, sous les pierres au bord de la mer.

Lithobius calcaratus C.-L. Koch. — Région d'Omonville-la-Rogue, sous une pierre au bord de la mer.

Geophilus carpophagus Leach. — Région d'Omonville-la-Rogue, sous une pierre au bord de la mer, jeune mâle.

« Cet individu, m'a écrit M. Brœlemann, est anomal : un des écussons ventraux est développé d'un côté seulement, d'où il résulte une asymétrie et l'existence de 53 pattes d'un côté et de 52 de l'autre ».

Iulus miraculus Verhf. — Région d'Omonville-la-Rogue, au bord de la mer, parmi de la terre et des cailloux agglomérés, et dunes de Vauville, sous une bouse sèche.

L'habitat de cette espèce est intéressant, m'a écrit M. Brœlemann, car l'*Iulus miraculus* se trouve ordinairement dans les serres.

Iulus albipes C.-L. Koch. — Région d'Omonville-la-Rogue, sous les pierres au bord de la mer, commun.

L'habitat de cette espèce est intéressant, m'a écrit M. Brœlemann, car l'*Iulus albipes* vit habituellement dans les forêts et les bois.

INSECTES

(112 espèces et 6 variétés, dont cinq appartenant à cinq espèces non comprises dans les précédentes, et une dépendant de l'une des cent douze espèces en question)

THYSANOURES

(1 espèce)

Cette espèce m'a été déterminée par M. J. Carl.

Anurida maritima (Guér.). — Région d'Omonville-la-Rogue, dans les fissures des rochers de la partie supérieure de la zone des marées, et courant à leur surface, très-commun.

ORTHOPTÈRES

(4 espèces)

La détermination de ces Orthoptères m'a été faite par M. A. Finot.

Stenobothrus bicolor (Charp.). — Région d'Omonville-la-Rogue, au bord de la mer, et dunes de Vauville.

Gomphocerus maculatus Thunb. — Dunes de Vauville, commun.

Oedipoda caerulescens (L.). — Dunes de Vauville, très-commun.

Platycleis grisea (F.). — Dunes de Vauville, commun.

COLÉOPTÈRES

(62 espèces et 4 variétés
dont trois appartenant à trois espèces non comprises
dans les précédentes, et la quatrième dépendant de l'une
des soixante-deux espèces en question)

Je dois à M. Albert Fauvel la détermination de ces Coléoptères.

Rhizobius litura (F.). — Région d'Omonville-la-Rogue, au bord de la mer.

Coccinella septempunctata L. — Dunes de Vauville (Manche).

Adonia variegata (Goeze). — Région d'Omonville-la-Rogue, au bord de la mer.

Subcoccinella vigintiquatuorpunctata (L.). — Région d'Omonville-la-Rogue, au bord de la mer.

Mantura rustica (L.). — Région d'Omonville-la-Rogue, au bord de la mer.

Chrysomela marginalis Duft. — Région d'Omonville-la-Rogue, au bord de la mer.

Chrysomela haemoptera L. — Dunes de Vauville, commun.

Timarcha goettingensis (L.). — Dunes de Vauville.

Bagoüs claudicans Boh. — Bords de la mare de Vauville.

Hypera fasciculata (Hbst.). — Dunes de Vauville.

Philopedon plagiatus (Schaller). — Dunes de Vauville.

Phyllobius pomonae (Ol.). — Région d'Omonville-la-Rogue, au bord de la mer.

Otiorrhynchus sulcatus (F.). — Région d'Omonville-la-Rogue, au bord de la mer.

Otiorrhynchus atroapterus (Geer). — Dunes de Vauville.

Oedemera nobilis (Scop.). — Région d'Omonville-la-Rogue, au bord de la mer.

Silaria varians Muls. — Région d'Omonville-la-Rogue, au bord de la mer.

Heliopates gibbus (F.). — Dunes de Vauville, commun.

Psilothrix cyaneus (Ol.). — Région d'Omonville-la-Rogue, au bord de la mer.

Malachius marginellus F. — Dunes de Vauville.

Rhagonycha melanura (L.). — Région d'Omonville-la-Rogue, au bord de la mer, commun.

Telephorus fulvicollis F. — Région d'Omonville-la-Rogue, au bord de la mer.

Anomala aenea (Geer) **var. Frischi** (Latr.). — Dunes de Vauville, commun.

Meligethes obscurus Er. — Région d'Omonville-la-Rogue, au bord de la mer.

Olibrus affinis (Sturm). — Dunes de Vauville.

Phalacrus coruscus (Panz.). — Région d'Omonville-la-Rogue, au bord de la mer.

Oxytelus tetracarinatus (Block). — Région d'Omonville-la-Rogue, au bord de la mer, commun.

Oxytelus sculpturatus Grav. — Région d'Omonville-la-Rogue, au bord de la mer, commun.

Cafius xantholoma (Grav.). — Région d'Omonville-la-Rogue, sous les pierres au bord de la mer, commun.

Ocypus ophthalmicus (Scop.). — Région d'Omonville-la-Rogue, sous une pierre au bord de la mer, et dunes de Vauville.

Conurus pedicularius (Grav.) **var. livida** Er. — Région d'Omonville-la-Rogue, sous une pierre au bord de la mer.

Dryops luridus (Er.). — Mare de Vauville.

Dryops hydrobates (Kiesw.). — Mare de Vauville.

Ochthebius viridis Peyr. — Mare de Vauville, commun.

Ochthebius impressus (Marsham). — Mare de Vauville.

Cercyon lugubris (Payk.). — Mare de Vauville.

Berosus aericeps Curt. — Mare de Vauville.

Philydrus minutus (F.). — Mare de Vauville, commun.

Philydrus halophilus Bedel. — Mare de Vauville.

Helochares lividus (Forst.) **var. punctulata** Sharp. — Mare de Vauville, commun.

Hydrobius oblongus (Hbst.). — Mare de Vauville.

Agabus nebulosus (Forst.). — Mare de Vauville.

Noterus sparsus (Marsham). — Mare de Vauville, commun.

Hydroporus palustris (L.). — Mare de Vauville.

Hydroporus erythrocephalus (L.). — Mare de Vauville.

Hygrotus inaequalis (F.). — Mare de Vauville, commun.

Peltodytes caesus (Duft.). — Mare de Vauville.

Dromias linearis (Ol.). — Dunes de Vauville.

Metabletus foveatus (Fourc.). — Région d'Omonville-la-Rogue, sous les pierres au bord de la mer, et dunes de Vauville ; commun.

Harpalus anxius Duft. — Dunes de Vauville, commun.

Harpalus serripes Quensel. — Région d'Omonville-la-Rogue, sous une pierre au bord de la mer, et dunes de Vauville.

Harpalus neglectus Dej. — Région d'Omonville-la-Rogue, au bord de la mer, et dunes de Vauville.

Harpalus pubescens (Müll.). — Région d'Omonville-la-Rogue, sous les pierres au bord de la mer, commun.

Ophonus rufibarbis (F.). — Région d'Omonville-la-Rogue, sous les pierres au bord de la mer, commun.

Amara apricaria (Payk.). — Région d'Omonville-la-Rogue, sous une pierre au bord de la mer.

Amara tibialis (Payk.). — Région d'Omonville-la-Rogue, au bord de la mer, et dunes de Vauville.

Amara continua C.-G. Thoms. — Dunes de Vauville.

Amara ovata (F.). — Région d'Omonville-la-Rogue, sous les pierres au bord de la mer.

Steropus concinnus (Sturm). — Région d'Omonville-la-Rogue, au bord de la mer.

Steropus concinnus (Sturm) **var. madida** (F.). — Région d'Omonville-la-Rogue, sous une pierre au bord de la mer.

Omaseus nigrita (F.). — Dunes de Vauville.

Calathus mollis (Marsham). — Dunes de Vauville.

Calathus melanocephalus (L.). — Dunes de Vauville, commun.

Calathus flavipes (Fourc.). — Dunes de Vauville.

Trechus quadristriatus (Schrank). — Région d'Omonville-la-Rogue, sous une pierre au bord de la mer.

Notiophilus biguttatus (F.). — Région d'Omonville-la-Rogue, sous une pierre au bord de la mer.

Cicindela hybrida L. — Dunes de Vauville.

HYMÉNOPTÈRES

(8 espèces)

Je dois à M. Ernest André la détermination de ces Hyménoptères.

Bassus laetatorius (F.). — Région d'Omonville-la-Rogue, au bord de la mer, commun.

Rhogas bicolor (Spin.). — Région d'Omonville-la-Rogue, au bord de la mer.

Ammophila hirsuta (Scop.). — Dunes de Vauville (Manche).

Sphex maxillosus F. — Dunes de Vauville.

Bembex rostrata (L.). — Dunes de Vauville.

Lasius niger (L.). — Région d'Omonville-la-Rogue, sous les pierres au bord de la mer.

Formica fusca L. — Région d'Omonville-la-Rogue, sous les pierres au bord de la mer.

Andrena labialis (Kirby). — Région d'Omonville-la-Rogue, au bord de la mer.

LÉPIDOPTÈRES

(2 espèces)

Zygaena trifolii Esp.

« Grâce à M. Henri Gadeau de Kerville, dit L. Dupont dans son fort intéressant mémoire sur *Les Zygènes de la Normandie* (op. cit., p. 64; tiré à part, p. 16), je puis ajouter que les exemplaires du Cotentin paraissent avoir, comme ceux des îles Anglo-Normandes, tendance à la séparation des taches médianes. M. Henri Gadeau de Kerville a bien voulu, en effet, me communiquer une belle série comprenant 38 *Zygaena trifolii* recueillies en 1899 à Omonville-la-Rogue et 6 prises à Beaumont-Hague. Or, chez la plupart de ces exemplaires, les taches médianes sont séparées : plusieurs sont des *orobi* Hb. bien caractérisés; d'autres sont intermédiaires, les deux taches se touchant, mais restant distinctes. Un très-petit nombre ont les deux taches largement fondues, et un seul exemplaire appartient à la var. *confluens*.

. . . .

» L'aberration *minoïdes* Selys (*Énum. Lépid. de Belgique*, 1837), rebaptisée *confluens* par Staudinger en 1871, présente une bande longitudinale qui réunit toutes les taches. Elle se trouve accidentellement partout où existe le type, mais elle est toujours assez rare. Voici les localités que je connais : ..... *Manche :* un exemplaire dans les chasses de M. Henri Gadeau de Kerville, à Omonville-la-Rogue.

. . . .

» *Zygaena trifolii*..... *Manche :* ... Omonville-la-Rogue et Beaumont-Hague (exemplaires recueillis par M. Henri Gadeau de Kerville). Dans la première de ces localités, *Z. trifolii* se trouve sur un petit promontoire rocheux ou à la base de falaises peu élevées, presque au niveau des plus grandes marées ; dans la seconde, c'est dans le cimetière qui entoure l'église que les exemplaires ont été recueillis (renseignements donnés par M. Henri Gadeau de Kerville). — M. Charles Oberthür prend *Z. trifolii* aux îles Chausey, situées en face de Granville, et m'a confirmé la détermination que j'avais donnée d'un exemplaire un peu fané pris par M. Henri Gadeau de Kerville dans la Grande-Ile de Chausey en 1893 (1)..... M. Henri Gadeau de Kerville a pris les exemplaires d'Omonville-la-Rogue le 22 juin et le 3 juillet 1899, et ceux de Beaumont-Hague le 7 juillet 1899, mais ces derniers sont plus ou moins défraîchis. A Chausey, le même naturaliste a pris l'exemplaire cité plus haut en août 1893, et, à Guernesey, il a capturé des individus assez frais le 18 août 1894 ».

(1) Cet exemplaire m'avait été déterminé par M. H. Lhotte sous le nom de *Zygaena lonicerae* Esp. Je l'ai signalé dans mes *Recherches sur les faunes marine et maritime de la Normandie, 1er voyage, région de Granville et îles Chausey (Manche), juillet-août 1893*, etc., (op. cit.), p. 97. [H. G. de K.].

Deilephila euphorbiae (L.). — J'ai trouvé, dans les dunes de Vauville, des chenilles de ce Sphingidé sur des *Euphorbia portlandica* L. et *paralias* L. La détermination de ces deux Euphorbes m'a été obligeamment faite par l'érudit botaniste normand, M. L. Corbière, et j'ai moi-même déterminé les chenilles.

HÉMIPTÈRES

(18 espèces et 3 variétés appartenant à trois espèces non comprises dans les précédentes)

Je dois à M. Auguste Puton la détermination de ces Hémiptères.

Geotomus punctulatus (A. Costa) **var. laevicollis** (A. Costa). — Dunes de Vauville (Manche).

Brachypelta aterrima (Forst.). — Dunes de Vauville.

Ochetostethus nanus (H.-Sch.). — Dunes de Vauville.

Carpocoris purpureipennis (Geer.) **var. fuscispina** (Boh.). — Région d'Omonville-la-Rogue, au bord de la mer.

Stenocephalus agilis (Scop.). — Dunes de Vauville.

Chorosoma Schillingi (Schumm.). — Dunes de Vauville.

Emblethis griseus (Wolff). — Dunes de Vauville.

Piesma quadrata Fieb. — Région d'Omonville-la-Rogue, au bord de la mer.

Coranus subapterus (Geer). — Dunes de Vauville, commun.

Prostemma guttula (F.). — Dunes de Vauville, commun.

Miridius quadrivirgatus (A. Costa). — Région d'Omonville-la-Rogue, au bord de la mer.

Calocoris bipunctatus (F.). — Région d'Omonville-la-Rogue, au bord de la mer.

Poeciloscytus unifasciatus (F.). — Dunes de Vauville.

Orthocephalus saltator (Hahn). — Dunes de Vauville.

Naucoris cimicoïdes (L.). — Mare de Vauville.

Corixa Linnei Fieb. — Mare de Vauville.

Corixa moesta Fieb. — Mare de Vauville, commun.

Acocephalus albifrons (L.). — Région d'Omonville-la-Rogue, au bord de la mer.

Acocephalus histrionicus (F.). — Dunes de Vauville.

Ptyelus lineatus (L.). — Dunes de Vauville.

Ptyelus spumarius (L.) **var. pallida** (Schrank). — Dunes de Vauville.

DIPTÈRES

(16 espèces)

Les espèces suivantes de Diptères m'ont été déterminées par M. J. Villeneuve, sauf le *Clunio bicolor* Kieff., espèce nouvelle décrite par M. J.-J. Kieffer d'après les spécimens que j'ai capturés.

Clunio bicolor Kieff., **nov. sp.** — Relativement à cette espèce nouvelle, j'ai publié une note intitulée : « Description, par M. l'abbé J.-J. Kieffer, d'une nouvelle espèce de Diptère marin de la famille des Chironomidés (*Clunio bicolor*), et renseignements sur cette espèce, découverte par M. Henri Gadeau de Kerville dans l'anse de Saint-Martin (côte septentrionale du département de la Manche), et trouvée par M. René Chevrel à Saint-Briac (Ille-et-Vilaine) » (op. cit.), note que je reproduis intégralement ici :

« Au cours de ma troisième campagne zoologique sur le littoral de la Normandie, que j'ai faite dans la région d'Omonville-la-Rogue (Manche), pendant l'été de 1899, j'ai capturé à mer basse, dans l'anse de Saint-Martin, située entre Omonville-la-Rogue et le cap de la Hague, environ deux douzaines de mâles d'un Diptère marin du genre *Clunio* Halid. J'ai recueilli les uns dans la partie inférieure de la zone des marées, le 25 juin, et les autres dans la partie supérieure de cette zone, le 28 juin. Ils voletaient à la surface de l'eau et se posaient sur les pierres et les algues.

» L'entomologiste éminent auquel je les envoyai pour en avoir la détermination, M. l'abbé J.-J. Kieffer, me fit savoir qu'ils appartiennent à une espèce non encore décrite, à laquelle il a donné le nom de *Clunio bicolor*. Voici la description du mâle de cette espèce nouvelle, qu'il a eu la grande obligeance de m'envoyer, et qui est publiée ici pour la première fois :

» **Clunio bicolor** Kieff. *Species nova. Mas.* « Funicule » antennaire bicolore, le premier et le dernier article blancs, » les huit intermédiaires bruns ; abdomen vert, plus long » que la pince ; thorax brun, avec une large bande longi- » tudinale et médiane, de forme linéaire et de couleur plus » claire, traversée en son milieu par une ligne longitudi- » nale brune ; ècusson vert blanchâtre, avec une ligne » transversale brune. Chez *Clunio marinus* Halid., le » funicule est concolore, c'est-à-dire blanchâtre en entier ; » l'abdomen brun comme le thorax et la pince, et plus » court que cette dernière. Pour tout le reste, cet insecte » est semblable à *Clunio marinus* ».

» La femelle est jusqu'alors inconnue. Il y a tout lieu de supposer qu'elle est aptère et vermiforme, comme celle du *Clunio marinus*.

» Le savant et sympathique Chef des travaux de Zoologie à la Faculté des Sciences de Caen, M. René Chevrel, eut l'obligeance de m'envoyer, sur la demande que je lui avais faite, une vingtaine de *Clunio* mâles recueillis par lui à Saint-Briac (Ille-et-Vilaine), près de Saint-Malo, dans la zone des marées, au cours de la première quinzaine d'octobre 1900. Je les adressai à M. Kieffer, qui reconnut en eux des *Clunio bicolor*.

» Ainsi, jusqu'à ce jour, cette espèce a été trouvée sur deux points des côtes de la Manche : en Normandie, dans l'anse de Saint-Martin, et, en Bretagne, à Saint-Briac. Il est extrêmement probable qu'elle existe dans beaucoup d'autres localités.

» Le *Clunio marinus* Halid. (*C. syzygialis* Chevrel), trouvé en Irlande, en Angleterre et en France, a été signalé, entre autres, dans différentes localités du littoral normand. Il est possible qu'il ait été parfois confondu avec le *Clunio bicolor*.

» Pour fixer d'une manière précise la distribution géographique de ces deux espèces voisines, j'exhorte les naturalistes à rechercher en de nombreuses localités ces minuscules Diptères, dont la biologie est fort intéressante, et à les communiquer, pour la détermination, à des entomologistes compétents ».

Tipula oleracea L. — Dunes de Vauville (Manche).

Haematopota pluvialis (L.). — Région d'Omonville-la-Rogue et anse de Saint-Martin, au bord de la mer.

Anthrax velutina Meig. — Dunes de Vauville.

Thereva fulva Meig. — Dunes de Vauville.

Asilus trigonus Meig. — Dunes de Vauville.

Asilus albiceps Meig. — Dunes de Vauville.

Coelopa eximia Stenh. — J'ai capturé deux individus de cette rare espèce à Omonville-la-Rogue, au bord de la mer, dans la soirée du 22 juin 1899. Ils étaient dans des fleurs de *Silene inflata* Sm. (détermination de M. L. Corbière), où, presque certainement, ils allaient passer la nuit.

Scatophaga merdaria (F.). — Région d'Omonville-la-Rogue, au bord de la mer.

Fucellia fucorum (Fall.). — Région d'Omonville-la-Rogue, au bord de la mer.

Opomyza germinationis (L.). — Région d'Omonville-la-Rogue, au bord de la mer.

Musca corvina F. — Région d'Omonville-la-Rogue, au bord de la mer.

Clista aenescens (Zett.). — Région d'Omonville-la-Rogue, au bord de la mer.

Sphaerophoria taeniata (Meig.). — Région d'Omonville-la-Rogue, au bord de la mer.

Syrphus pyrastri (L.). — Région d'Omonville-la-Rogue, au bord de la mer.

Melanostoma mellinum (L.). — Région d'Omonville-la-Rogue, au bord de la mer.

BRYOZOAIRES

(23 espèces et 2 variétés dont une appartenant à une espèce non comprise dans les précédentes, et une dépendant de l'une des vingt-trois espèces en question)

Je dois à M. Louis Calvet la détermination de ces Bryozoaires.

Alcyonidium gelatinosum (L.). — Région d'Omonville-la-Rogue, à environ 50 mètres de profondeur.

Flustrella hispida (O. Fabr.). — Région d'Omonville-la-Rogue, sur des algues de la zone des marées.

Valkeria uva (L.). — Région d'Omonville-la-Rogue, à une profondeur d'environ 30 à 35 mètres.

Crisia denticulata M.-E. — Région d'Omonville-la-Rogue, par des profondeurs comprises entre 0 et 50 mètres.

Crisia eburnea (L.). — Région d'Omonville-la-Rogue, par des profondeurs comprises entre 0 et 50 mètres.

Crisia eburnea (L.) **var. aculeata** Hassall. — Région d'Omonville-la-Rogue, à une profondeur d'environ 30 à 35 mètres.

Crisia cornuta (L.). — Région d'Omonville-la-Rogue, par des profondeurs comprises entre 0 et 50 mètres et entre 50 et 60 mètres environ.

Cellepora avicularis Hcks. — Région d'Omonville-la-Rogue, entre 0 et 50 mètres de profondeur, et dans la fosse de la Hague, entre 70 et 80 mètres environ.

Cellepora Costazi Sav. — Région d'Omonville-la-Rogue, entre 0 et 50 mètres de profondeur.

Cellepora pumicosa L. — Région d'Omonville-la-Rogue, par des profondeurs d'environ 30 à 35 et 50 mètres.

Mucronella coccinea (Abildg.). — Région d'Omonville-la-Rogue, entre 0 et 50 mètres de profondeur.

Schizoporella hyalina (L.). — Région d'Omonville-la-Rogue, sur des algues de la zone des marées.

Microporella impressa (Aud.). — Région d'Omonville-la-Rogue, sur des algues, entre 0 et 50 mètres de profondeur.

Microporella ciliata (Pall.). — Anse de Saint-Martin (Manche), sur des algues, à environ 10 à 15 mètres de profondeur.

Membranipora lineata (L.). — Région d'Omonville-la-Rogue, sur des algues de la zone des marées.

Membranipora pilosa (L.) **var. dentata** Hcks. — Région d'Omonville-la-Rogue, sur des algues de la zone des marées, et sur des algues dans l'anse de Saint-Martin, entre 10 et 15 mètres de profondeur environ.

Flustra foliacea L. — Région d'Omonville-la-Rogue, par des profondeurs comprises entre 0 et 50 mètres, très-commun, et dans la fosse de la Hague, entre 70 et 80 mètres environ.

Cellaria salicornioïdes Lmx. — Région d'Omonville-la-Rogue, à une profondeur d'environ 30 à 35 mètres.

Cellaria fistulosa (L.). — Région d'Omonville-la-Rogue, à une profondeur d'environ 30 à 35 mètres.

Bugula turbinata Ald. — Région d'Omonville-la-Rogue, entre 0 et 50 mètres de profondeur, et entre 55 et 60 mètres environ.

Bugula flabellata (Thomps.). — Région d'Omonville-la-Rogue, sur des *Flustra foliacea* L., entre 0 et 50 mètres de profondeur.

Bicellaria ciliata (L.). — Région d'Omonville-la-Rogue, à une profondeur d'environ 30 à 35 mètres.

Caberea Boryi (Aud.). — Région d'Omonville-la-Rogue, sur des *Flustra foliacea* L., entre 0 et 50 mètres de profondeur.

Eucratea chelata (L.). — Anse de Saint-Martin, sur des algues, à une profondeur comprise entre 10 et 15 mètres environ.

Aetea anguina (L.). — Région d'Omonville-la-Rogue, entre 0 et 50 mètres de profondeur, sur des algues, et entre 50 et 60 mètres environ.

VERS

(31 espèces)

POLYCHÈTES

(29 espèces)

Je dois à M. de Saint-Joseph la détermination de ces Polychètes.

Syllis prolifera Krohn. — Région d'Omonville-la-Rogue, par des profondeurs comprises entre 0 et 50 mètres, et dans la fosse de la Hague, par des profondeurs de 85 à 105 mètres environ.

Typosyllis Krohni (Clap.). — Anse de Saint-Martin (Manche), dans les fissures des rochers de la zone des marées, près du port Racine ou port des Vaux. Individus avec et sans stolons, commun.

Lepidonotus squamatus (L.). — Région d'Omonville-la-Rogue, par des profondeurs comprises entre 0 et 50 mètres.

Nychia cirrosa (Pall.). — Anse de Saint-Martin, par des profondeurs d'environ 10 à 15 mètres.

Harmothoë areolata (Grube). — Région d'Omonville-la-Rogue, par des profondeurs comprises entre 0 et 50 mètres.

Harmothoë longisetis (Grube). — Région d'Omonville-la-Rogue, par des profondeurs comprises entre 0 et 50 mètres.

Adyte pellucida (Ehl.). — Région d'Omonville-la-Rogue, entre 30 et 35 mètres environ de profondeur, et dans l'anse de Saint-Martin, entre 10 et 15 mètres environ.

Lagisca extenuata (Grube). — Région d'Omonville-la-Rogue, par des profondeurs comprises entre 0 et 50 mètres.

Polynoë scolopendrina Sav. — Région d'Omonville-la-Rogue, par des profondeurs d'environ 30 à 35 mètres.

Eunice Harassei Aud. et M.-E. — Région d'Omonville-la-Rogue, par des profondeurs comprises entre 0 et 50 mètres.

Lysidice ninetta Aud. et M.-E. — Région d'Omonville-la-Rogue, entre 0 et 50 mètres de profondeur.

Nereis pelagica L. — Région d'Omonville-la-Rogue, entre 0 et 50 mètres, et dans la fosse de la Hague, entre 70 et 80 mètres environ.

Perinereis longipes St.-Jos. — Région d'Omonville-la-Rogue : et, à l'anse de Saint-Martin, près du port Racine ou port des Vaux, dans les fissures des rochers de la zone des marées, assez commun.

Perinereis cultrifera (Grube). — Région d'Omonville-la-Rogue et anse de Saint-Martin, sous les pierres et dans les fissures des rochers de la zone des marées, très-commun, et dans l'anse de Saint-Martin, à une profondeur d'environ 10 à 15 mètres.

Platynereis Dumerili (Aud. et M.-E.). — Anse de Saint-Martin, par des profondeurs de 10 à 15 mètres environ.

Phyllodoce laminosa Sav. — Région d'Omonville-la-Rogue, entre 15 et 35 mètres environ de profondeur.

Ephesia gracilis Rathke. — Anse de Saint-Martin, dans les fissures des rochers de la zone des marées, près du port Racine ou port des Vaux.

Cirratulus cirratus (Müll.). — Région d'Omonville-la-Rogue, et, à l'anse de Saint-Martin, près du port Racine ou port des Vaux, dans la zone des marées.

Audouinia tentaculata (Mont.). — Anse de Saint-Martin, sous les pierres de la zone des marées, commun.

Dodecaceria concharum Oerst. — Anse de Saint-Martin, dans la zone des marées, près du port Racine ou port des Vaux.

Polydora polybranchia Hasw. — Anse de Saint-Martin, dans la zone des marées, près du port Racine ou port des Vaux.

Scolelepis fuliginosa (Clap.). — Omonville-la-Rogue, sous une pierre de la zone des marées.

Flabelligera affinis Sars. — Région d'Omonville-la-Rogue, entre 0 et 50 mètres de profondeur.

Arenicola marina (L.). — Anse de Saint-Martin, dans le sable vaseux de la zone des marées, très-commun. Les pêcheurs de cette région désignent ce Ver sous le nom de *Mollet*, qu'ils emploient au masculin.

Sabellaria spinulosa Leuck. — Région d'Omonville-la-Rogue, entre 0 et 50 mètres de profondeur.

Terebella lapidaria L. — Anse de Saint-Martin, dans la zone des marées, près du port Racine ou port des Vaux.

Thelepus setosus (Qtrf.). — Anse de Saint-Martin, à environ 10 à 15 mètres de profondeur.

Spirorbis borealis Daud. — Région d'Omonville-la-Rogue, sur les algues, les pierres et les coquilles de la zone des marées, très-commun.

Mera pusilla St.-Jos. — Région d'Omonville-la-Rogue, sur les algues de la zone des marées.

HIRUDINÉES

(2 espèces)

Je dois à M. Raphaël Blanchard la détermination de ces deux Hirudinées.

Hirudo medicinalis L. — La Sangsue médicinale se trouve en grand nombre dans la mare de Vauville. J'ai pu y constater qu'elle s'attache aux jambes des chevaux, mais moins volontiers qu'aux jambes humaines, sans doute parce que ces dernières ne sont que faiblement velues.

Haemopis sanguisuga (L.). — Mare de Vauville, commun.

MOLLUSQUES

(70 espèces et 1 variété d'une espèce non comprise dans les précédentes)

La détermination de ces Mollusques m'a été faite par M. Arnould Locard, sauf les *Aeolis papillosa* (L.) et *Dendronotus arborescens* (Müll.), qui m'ont été déterminés par M. Paul Pelseneer, et les deux espèces de Céphalopodes, qui me le furent par M. Louis Joubin.

PÉLÉCYPODES

(11 espèces)

Pecten opercularis (L.). — Région d'Omonville-la-Rogue, entre 0 et 50 mètres de profondeur.

Pecten varius (L.). — Région d'Omonville-la-Rogue, dans la zone des marées et entre 0 et 60 mètres environ.

Modiolaria marmorata (Forb.). — Région d'Omonville-la-Rogue, dans la zone des marées.

Modiola barbata (L.). — Région d'Omonville-la-Rogue, entre 55 et 60 mètres environ de profondeur.

Nucula nucleus (L.). — Région d'Omonville-la-Rogue, entre 0 et 50 mètres de profondeur.

Nucula sulcata Bronn. — Région d'Omonville-la-Rogue, entre 0 et 50 mètres de profondeur.

Tapes lepidulus Loc. — Région d'Omonville-la-Rogue, entre 0 et 50 mètres de profondeur.

Tapes decussatus (L.). — Région d'Omonville-la-Rogue, dans la zone des marées.

Venus ovata Penn. — Région d'Omonville-la-Rogue, entre 0 et 50 mètres de profondeur.

Tellina donacina L. — Région d'Omonville-la-Rogue, entre 0 et 50 mètres de profondeur.

Solen ensis L. — Région d'Omonville-la-Rogue, entre 0 et 50 mètres de profondeur.

AMPHINEURES

(2 espèces)

Acanthochites fascicularis (L.). — Région d'Omonville-la-Rogue, dans la zone des marées.

Chiton ruber L. — Région d'Omonville-la-Rogue, dans la zone des marées, commun.

GASTÉROPODES

(55 espèces et 1 variété d'une espèce non comprise dans les précédentes)

Helcion pellucidum (L.). — Région d'Omonville-la-Rogue, dans la zone des marées.

Patella aspera Lm. — Région d'Omonville-la-Rogue, fixé aux pierres de la zone des marées, assez commun. Les pêcheurs de cette région désignent cette Patelle et les autres espèces de ce genre sous le nom vulgaire de *Flie*, qu'ils emploient au féminin.

Patella Mabillei Loc. — Région d'Omonville-la-Rogue, fixé aux pierres de la zone des marées.

Patella Taslei J. Mab. — Région d'Omonville-la-Rogue, fixé aux pierres de la zone des marées, très-commun.

Patella Servaini J. Mab. — Région d'Omonville-la-Rogue, fixé aux pierres de la zone des marées, commun.

Patella vulgata L. — Région d'Omonville-la-Rogue, fixé aux pierres de la zone des marées, très-commun.

Patella hypsilotera Loc. — Région d'Omonville-la-Rogue, fixé aux pierres de la zone des marées, commun.

Calyptraea sinensis (L.). — Région d'Omonville-la-Rogue, entre 0 et 50 mètres de profondeur.

Trochocochlea lineata (da Costa). — Région d'Omonville-la-Rogue, dans la zone des marées.

Gibbula Pennanti (Phil.). — Région d'Omonville-la-Rogue, dans la zone des marées, très-commun.

Gibbula obliquata (Gm.). — Région d'Omonville-la-Rogue, dans la zone des marées, très-commun.

Gibbula cineraria (L.). — Région d'Omonville-la-Rogue, dans la zone des marées et entre 0 et 50 mètres de profondeur, très-commun, et dans la fosse de la Hague, entre 70 et 105 mètres environ de profondeur.

Gibbula protumida Loc. — Région d'Omonville-la-Rogue, entre 0 et 50 mètres de profondeur.

Gibbula magus (L.). — Région d'Omonville-la-Rogue, entre 0 et 50 mètres de profondeur.

Zizyphinus aequistriatus (Mtros.). — Région d'Omonville-la-Rogue, dans la zone des marées et entre 0 et 50 mètres de profondeur, commun.

Zizyphinus conuloïdes (Lm.). — Région d'Omonville-la-Rogue, dans la zone des marées et entre 0 et 50 mètres de profondeur, et dans la fosse de la Hague, entre 85 et 105 mètres environ de profondeur.

Phasianella picta (da Costa). — Région d'Omonville-la-Rogue, entre 0 et 50 mètres de profondeur; dans l'anse de Saint-Martin (Manche), entre 10 et 15 mètres environ, et dans la fosse de la Hague, entre 70 et 80 mètres environ de profondeur.

Phasianella dubia (Mtros.). — Région d'Omonville-la-Rogue, entre 0 et 50 mètres, commun; dans l'anse de Saint-Martin, par des profondeurs comprises entre 10 et 15 mètres environ, et dans la fosse de la Hague, entre 70 et 105 mètres environ de profondeur.

Phasianella pullus (L.). — Région d'Omonville-la-Rogue, dans la zone des marées et entre 30 et 60 mètres environ de profondeur, assez commun.

Lacuna quadrifasciata (Mont.). — Région d'Omonville-la-Rogue, à environ 50 mètres de profondeur, et dans la fosse de la Hague, entre 85 et 105 mètres de profondeur environ.

Lacuna pallidula (da Costa). — Fosse de la Hague, entre 85 et 105 mètres environ de profondeur.

Littorina littorea (L.). — Région d'Omonville-la-Rogue, dans la zone des marées, assez commun.

Littorina saxatilis Johnst. — Région d'Omonville-la-Rogue, dans la zone des marées.

Littorina rudis (Maton). — Région d'Omonville-la-Rogue, dans la zone des marées, très-commun.

Littorina obtusata (L.). — Région d'Omonville-la-Rogue, dans la zone des marées, très-commun.

Cingula glabrata (Meg.). — Région d'Omonville-la-Rogue, entre 30 et 35 mètres de profondeur environ.

Cingula striata (Mont.). — Région d'Omonville-la-Rogue, entre 30 et 35 mètres de profondeur environ.

Rissoa parva (da Costa). — Région d'Omonville-la-Rogue, par des profondeurs d'environ 30 à 35 mètres, et, dans l'anse de Saint-Martin, par des profondeurs comprises entre 10 et 15 mètres environ.

Rissoa membranacea (J. Ad.). — Région d'Omonville-la-Rogue, dans la zone des marées, très-commun.

Turbonilla lactea (L.). — Fosse de la Hague, entre 85 et 105 mètres de profondeur environ.

Bittium reticulatum (da Costa). — Région d'Omonville-la-Rogue, dans la zone des marées et entre 0 et 50 mètres de profondeur, assez commun.

Ocinebra aciculata (Lm.). — Région d'Omonville-la-Rogue, dans la zone des marées et entre 0 et 50 mètres, assez commun, et dans la fosse de la Hague, entre 70 et 80 mètres environ de profondeur.

Ocinebra cingulifera (Lm.). — Région d'Omonville-la-Rogue, entre 0 et 50 mètres de profondeur, et dans une nasse mise à environ 55 mètres; assez commun.

Ocinebra erinaceus (L.). — Région d'Omonville-la-Rogue, entre 0 et 50 mètres de profondeur.

Purpura lapillus (L.). — Région d'Omonville-la-Rogue, dans la zone des marées et entre 0 et 50 mètres de profondeur, commun.

Buccinum undatum L. — Région d'Omonville-la-Rogue, entre 0 et 50 mètres de profondeur, et dans une nasse mise à une profondeur d'environ 55 mètres; et dans la fosse de la Hague, entre 85 et 105 mètres de profondeur environ. Les pêcheurs de cette région désignent ce Mollusque sous les noms vulgaires de *Ran* et de *Bavoue*, qu'ils emploient au masculin. La coquille vide est appelée par eux *coque de Ran*, au féminin.

Nassa incrassata (Müll.). — Région d'Omonville-la-Rogue, entre 0 et 50 mètres de profondeur.

Nassa Bourguignati Loc. — Région d'Omonville-la-Rogue, dans la zone des marées.

Nassa reticulata (L.). — Région d'Omonville-la-Rogue, dans la zone des marées et entre 0 et 50 mètres de profondeur, et, dans le port d'Omonville-la-Rogue, dans une petite nasse métallique mise à une profondeur d'environ 5 mètres; commun.

Nassa Servaini Loc. — Région d'Omonville-la-Rogue, entre 0 et 50 mètres de profondeur.

Donovania minima (Mont.). — Région d'Omonville-la-Rogue, dans la zone des marées et entre 0 et 50 mètres de profondeur, et dans la fosse de la Hague, entre 85 et 105 mètres environ.

Trivia europaea (Mont.). — Région d'Omonville-la-Rogue, dans la zone des marées et entre 0 et 50 mètres environ de profondeur, assez commun.

Limnaea oppressa Loc. — Mare de Vauville (Manche).

Limnaea stagnalis (L.). — Mare de Vauville, commun.

Cochlicella barbara (L.). — Dunes de Vauville, très-commun.

Helix pilula Loc. — Dunes de Vauville, commun.

Helix Sylvae Servn. — Dunes de Vauville, très-commun.

Helix mucinica Bgt. — Dunes de Vauville, très-commun.

Helix canovasiana Servn. — Dunes de Vauville, très-commun.

Helix Mendranoi Servn. — Dunes de Vauville, commun.

Helix grannonensis Bgt. — Dunes de Vauville, commun.

Helix nemoralis L. — Région d'Omonville-la-Rogue, au bord de la mer, commun.

Helix aspersa Müll. — Région d'Omonville-la-Rogue, au bord de la mer, commun, et dans les dunes de Vauville.

Arion rufus (L.) **var. atra** (L.). — Entre les dunes et la mare de Vauville.

Aeolis papillosa (L.). — Anse de Saint-Martin, sous une pierre d'une flaque formée par le reflux, près du port Racine ou port des Vaux.

Dendronotus arborescens (Müll.). — Région d'Omonville-la-Rogue, entre 55 et 60 mètres environ de profondeur, et dans la fosse de la Hague, entre 85 et 105 mètres environ.

CÉPHALOPODES

(2 espèces)

Sepia officinalis L. — Anse de Saint-Martin, par une profondeur de 10 à 15 mètres environ.

Octopus vulgaris Lm. — Le Poulpe vulgaire est plus ou moins commun dans la région d'Omonville-la-Rogue. En certaines années, — 1899 fut du nombre — il s'y trouve en abondance, au désespoir des pêcheurs. Lorsque je relevais mes nasses ou des casiers à homards, j'en trouvais souvent un ou deux, voire même plusieurs exemplaires, parfois de grande taille, soit en dehors, soit à l'intérieur de ces engins. J'en ai vu aussi de petits spécimens dans la zone des marées, à l'anse de Saint-Martin.

Pour prendre les Poulpes vulgaires, — animaux d'une extrême mollesse — il faut agir avec rapidité, pour ne point leur laisser le temps d'appliquer leurs ventouses sur les mains et les bras. J'ai tenu à me rendre compte par moi-même que ces ventouses adhèrent fortement aux points où elles se sont fixées. Ces animaux, dont les mouvements sont vifs au moment où on les sort de l'eau, ne tardent pas à périr en dehors de leur élément.

Le Poulpe vulgaire est désigné, par les pêcheurs de la région d'Omonville-la-Rogue, sous le nom de *Satrouille*, qu'ils emploient au féminin.

TUNICIERS

(5 espèces)

C'est M. Charles Julin qui m'a déterminé ces Tuniciers.

Cynthia glomerata Ald. — Région d'Omonville-la-Rogue, par des profondeurs comprises entre 0 et 50 mètres, et dans la fosse de la Hague, par des profondeurs de 70 à 105 mètres environ.

Cynthia aggregata F. et H. — Région d'Omonville-la-Rogue, par des profondeurs de 35 mètres environ.

Corella parallelogramma (Müll.). — Région d'Omonville-la-Rogue, à une profondeur comprise entre 0 et 50 mètres, un individu fixé sur un débris de coquille.

Polyclinum aurantium M.-E. — Fosse de la Hague, entre 85 et 105 mètres environ.

Polyclinum sabulosum Giard. — Région d'Omonville-la-Rogue, entre 0 et 50 mètres de profondeur, et dans la fosse de la Hague, entre 70 et 80 mètres environ.

POISSONS

(21 espèces et 1 variété d'une espèce non comprise dans les précédentes)

Je dois à MM. Eugène Canu et A. Cligny la détermination de ces Poissons.

Lepadogaster bimaculatus (Donov.). — Région d'Omonville-la-Rogue, dans la zone des marées. Ce Poisson est désigné vulgairement sous le nom de *Gluette* par les pêcheurs de cette région, qui emploient ce nom au féminin.

Afin de pouvoir l'observer, je plaçai un individu de cette espèce dans un récipient en verre rempli d'eau de mer, où il vécut pendant quelque temps. Il se tenait parfois immobile à la surface de l'eau, la partie ventrale en l'air, mais était le plus souvent fixé, au moyen de son appareil acétabulaire, aux parois ou au fond du récipient. Lorsqu'étant non fixé je l'excitais, il allait de suite, et avec des mouvements vifs, s'appliquer contre l'une des faces du récipient. Si l'on observe attentivement ces petits poissons quand ils paraissent immobiles, on constate que le mécanisme de la respiration fait que leur corps accomplit d'incessants et très-petits mouvements en avant et en arrière.

Cyclogaster Montagui (Donov.). — Anse de Saint-Martin, un jeune individu recueilli entre 10 et 15 mètres de profondeur environ.

Jusqu'alors, cette espèce n'avait pas, du moins à ma connaissance, été mentionnée d'une manière certaine sur le littoral normand. Dans ma *Faune de la Normandie* se trouvent les lignes suivantes (op. cit., fasc. IV, p. 427) : « J'ai vu quantité de jeunes Cyclogastères provenant des côtes du Calvados, soit de dragages et de chalutages effectués à de petites distances du rivage, soit de recherches sous les pierres dans la zone du balancement des marées, mais pas d'adultes. Je ne puis indiquer exactement l'espèce à laquelle appartenaient les jeunes en question. Il est possible qu'il y avait à la fois des Cyclogastères liparis et des C. de Montagu ». « [Renseignement communiqué par M. René Chevrel, chef des travaux de Zoologie à la Faculté des Sciences de Caen] ». En tout cas, la présence du *Cyclogaster Montagui* (Donov.) sur le littoral du département de la Manche est, je le crois, un fait nouveau.

Cyclogaster liparis (L.). — Région d'Omonville-la-Rogue, par des profondeurs comprises entre 0 et 50 mètres, exemplaires jeunes.

Cyclopterus lumpus L. — Région d'Omonville-la-Rogue, entre 0 et 50 mètres de profondeur, un exemplaire très-jeune.

Platessa microcephala (Donov.). — Anse de Saint-Martin, entre 10 et 15 mètres de profondeur environ.

Platessa vulgaris Flem. — Anse de Saint-Martin, entre 10 et 15 mètres de profondeur environ.

Onos tricirratus (Bl.). — Région d'Omonville-la-Rogue, dans une nasse immergée à environ 20 mètres de profondeur sur un fond rocheux. Ce Poisson est connu sous le nom vulgaire de *Renard* par les pêcheurs de cette région.

Gadus luscus L. — Région d'Omonville-la-Rogue, dans une nasse immergée à environ 20 mètres de profondeur sur un fond rocheux. Ce Poisson est connu vulgairement sous le nom de *Gode* par les pêcheurs de cette région, qui emploient ce nom au féminin.

Ctenolabrus rupestris (L.). — Région d'Omonville-la-Rogue, dans une nasse immergée à environ 20 mètres de profondeur sur un fond rocheux. Les pêcheurs de cette région désignent ce Poisson sous le nom vulgaire de *Roi*, qu'ils emploient au masculin.

Crenilabrus melops (L.). — Région et port d'Omonville-la-Rogue, par des profondeurs comprises entre 0 et 50 mètres.

L'un des spécimens capturés, m'ont écrit MM. Eugène Canu et A. Cligny, « porte sur la ligne latérale une verrue qui paraît avoir été provoquée par le Crustacé parasite de l'ordre des Copépodes, le *Leposphilus labrei* Hesse, dont l'existence sur les côtes de France est déjà connue à Brest et, dans la Manche, à Roscoff où ce parasite fut étudié par Carl Vogt (*Recherches côtières*, Genève, 1879). Cette verrue, d'un assez grand développement, était vide de tout parasite, ainsi que ce fait a déjà été signalé par Vogt ».

Labrus berggylta Asc. — Région et port d'Omonville-la-Rogue, par des profondeurs comprises entre 0 et 50 mètres.

Cottus bubalis Euphr. — Région d'Omonville-la-Rogue, entre 0 et 50 mètres de profondeur. Ce Poisson est désigné vulgairement sous le nom de *Crapaud de mer* par les pêcheurs de cette région.

Mullus barbatus L. **var. surmuletus** L. — Anse de Saint-Martin, entre 10 et 15 mètres de profondeur environ.

Gobius flavescens F. — Région d'Omonville-la-Rogue, dans la zone des marées.

Gobius niger L. — Région d'Omonville-la-Rogue, par des profondeurs comprises entre 0 et 50 mètres.

Gobius minutus Pall. — Région d'Omonville-la-Rogue, par des profondeurs comprises entre 0 et 50 mètres.

Callionymus lyra L. — Dans une nasse immergée dans le port d'Omonville-la-Rogue, deux très-jeunes individus.

Blennius pholis L. — Anse de Saint-Martin, dans la zone des marées. Ce Blennie est connu sous le nom de *Cabot* par les pêcheurs de cette région, qui emploient au masculin ce nom vulgaire.

Blennius gattorugine Brünn. — Région et port d'Omonville-la-Rogue, entre 0 et 50 mètres de profondeur. Ce Blennie est désigné vulgairement sous les noms de *Coq* et de *Clin* par les pêcheurs de cette région, qui emploient ces noms au masculin.

Entelurus aequoreus (L.). — Région d'Omonville-la-Rogue.

Raïa maculata Mont. — Région d'Omonville-la-Rogue, par des profondeurs d'environ 10 mètres, individus jeunes.

Raïa clavata L. — Anse de Saint-Martin, par une profondeur comprise entre 10 et 15 mètres environ, un jeune individu.

Évidemment, mes voyages zoologiques sur le littoral de la Normandie sont de fort modestes campagnes scientifiques, dont il ne faut attendre que des résultats de minime importance. Mais, étant sans orgueil et sachant me contenter de peu, je crois que mon voyage en question n'a pas été dénué de profit pour la science ; aussi, je ne regrette nullement le temps que j'y ai consacré, non plus que mes dépenses, et suis tout consolé de la perte de quelques engins de pêche.

En effet, par ce voyage j'ai contribué — pour une bien faible part, il est vrai — à la connaissance de la faune normande. J'ai récolté des espèces nouvelles pour la science, d'autres nouvelles pour la faune française, d'autres nouvelles pour la faune de la Normandie[1]. Je suis le premier qui ai fait une série de dragages dans la fosse de la Hague et recueilli un nombre suffisant d'espèces animales pour démontrer, d'une manière certaine, que la faune de cette fosse est la même que celle de la région située entre la fosse en question et le littoral du département de la Manche. J'ai fait aussi des observations de biologie et, par mes récoltes zoologiques, fourni des matériaux d'étude à des spécialistes et enrichi leur collection.

En définitive, cette troisième campagne sur le littoral de ma chère province natale aura été de quelque profit, non-seulement pour la zoologie normande, mais aussi pour la zoologie générale.

Personnellement j'ai fait bien peu de chose, et ce compte-rendu doit presqu'entièrement sa valeur aux savants spécialistes qui, avec la plus grande obligeance, m'ont rigoureusement déterminé mes récoltes zoologiques, me permettant ainsi de publier des renseignements tout à fait certains, et, par suite, d'apporter une pierre, minuscule, mais solide, pour l'édification du temple immense et sublime que, sans trêve aucune, la Science élève à l'éternelle Maya.

(1) En faisant les recherches bibliographiques nécessaires, j'aurais augmenté certainement le nombre des espèces indiquées, dans ce compte rendu, avec la mention de : nouvelle pour la faune normande ; mais ces recherches m'eussent pris beaucoup de temps pour un résultat d'un intérêt minime. Il importe peu, en effet, de savoir si telle ou telle espèce n'avait pas encore été signalée sur le littoral de la Normandie ; ce qui importe, c'est de prouver qu'elle y existe, de savoir dans quelles conditions biologiques elle s'y trouve, et de connaître son degré de fréquence ou de rareté.

NOTE

SUR LES

COPÉPODES MARINS

DE LA RÉGION D'OMONVILLE-LA-ROGUE (MANCHE) ET DE LA FOSSE DE LA HAGUE

Par E. CANU et A. CLIGNY

DOCTEURS ÈS-SCIENCES

Directeur et Sous-Directeur de la Station aquicole
de Boulogne-sur-Mer

M. Henri Gadeau de Kerville nous a communiqué une importante série de Copépodes récoltés par lui dans la région d'Omonville-la-Rogue (Manche) et dans la fosse de la Hague, pendant les mois de juin et de juillet 1899. Cette collection comprend beaucoup d'espèces connues dont nous allons donner la liste, avec quelques types nouveaux ou difficiles qui nécessitent une étude plus approfondie.

Ces récoltes se divisent en trois lots qui se distinguent par leur origine et aussi par leur composition :

1° Un lot de pêches au filet fin faites à la surface et au voisinage de la côte ;

2° Un lot de pêches au filet fin faites à diverses profondeurs entre 10 et 105 mètres, les plus grandes profondeurs correspondant à la fosse de la Hague ;

3° Un lot obtenu par le lavage de corallines et d'autres algues prises dans la zone du balancement des marées.

Le premier lot contient des formes nageuses de taille

moyenne et définit immédiatement la composition de la faune côtière.

Ce sont des Calanides :

Temora longicornis O.-F. Müller.
Centropages hamatus Lilljeborg.
Acartia Clausii Giesbrecht.
Parapontella brevicornis Lubbock.

Et des Harpacticides :

Euterpe acutifrons Dana.
Dactylopus tisboides Claus.

On y trouve mêlés quelques rares individus appartenant à des espèces dont l'habitat ordinaire est habituellement plus au large :

Calanus finmarchicus Gunner.
Microsetella atlantica Brady et Robertson.
Centropages typicus Kröyer.
Oithona *sp.* non déterminée.

Enfin, l'une des récoltes contenait, avec les espèces précédentes, tout un groupe de formes correspondant à un autre habitat, des formes de fond. Ce sont des Harpacticides et des Ascomyzontides :

Alteutha bopyroides Claus.
Zaus spinosus Claus.
Scutellidium fasciatum Norman.
Porcellidium fimbriatum Claus.
Amymone sphærica Claus.
Diosaccus tenuicornis Claus.
Laophonte serrata Claus.

Collocheres Canui Giesbrecht.

Asterocheres *sp.* non déterminée.

Acontiophorus ornatus Brady et Robertson.

Nous retrouverons cette petite faune littorale en étudiant le produit du lavage des corallines; il est d'ailleurs visible que ces espèces ont été capturées par accident, soit que le filet ait traîné sur le fond, soit qu'il ait rencontré des remous ascendants, car le flacon correspondant renferme un peu de sable et beaucoup de débris végétaux.

Le deuxième lot ne diffère pas sensiblement du premier et comporte comme lui des espèces côtières de surface et des espèces côtières de fond. Ainsi, malgré la profondeur de 105 mètres, la fosse de la Hague possède exactement la même faune que les bas-fonds voisins. M. Henri Gadeau de Kerville est arrivé d'ailleurs à une conclusion identique par l'étude générale des récoltes qu'il y a faites.

Nous retrouvons, en grande abondance :

Temora longicornis O.-F. Müller.

Centropages hamatus Lilljeborg.

Acartia Clausii Giesbrecht.

Et en petit nombre :

Parapontella brevicornis Lubbock.

Euterpe acutifrons Dana.

Dactylopus tisboides Claus.

Oithona *sp.* non déterminée.

Les formes appartenant à la faune de fond sont les suivantes :

Harpacticus chelifer O.-F. Müller.

Alteutha bopyroides Claus.

Thalestris hibernica Brady et Robertson.

Stenhelia ima Brady.

Amymone sphærica Claus.

Idya furcata Baird.

Porcellidium fimbriatum Claus.

Laophonte thoracica Boeck.

Ectinosoma minutum Claus.

Euryte longicauda Philippi.

Lichomolgus *sp.* non déterminée.

Toutes ces espèces, sauf *Alteutha bopyroides*, étaient représentées par un petit nombre d'individus. Enfin, il s'y joint, comme formes accidentelles sans doute :

Calanus finmarchicus Gunner.

Pseudocalanus elongatus Boeck.

Le troisième lot provient du lavage des corallines de l'anse de Saint-Martin; il contient quelques Ascomyzontides et Cyclopides :

Asterocheres Kervillei Canu.

Euryte longicauda Philippi.

Et un grand nombre d'Harpacticides :

Porcellidium fimbriatum Claus.

Ectinosoma melaniceps Boeck.

Harpacticus chelifer O.-F. Müller.

Thalestris Clausii Norman.

Thalestris rufocincta Norman.

Stenhelia ima Brady.

Dactylopus tisboides Claus.

Dactylopus brevicornis Claus.

Dactylopus similis Claus.

Westwoodia nobilis Baird.

Idya furcata Baird.

Laophonte serrata Claus.

Laophonte curticauda Boeck.

Laophonte similis Claus.

Enfin, M. Henri Gadeau de Kerville a recueilli la faunule des algues qui se trouvent dans la zone du balancement des marées à la partie orientale de l'anse de Saint-Martin; nous y avons trouvé :

Euryte longicauda Philippi.

Porcellidium fimbriatum Claus.

Scutellidium fasciatum Norman.

Ectinosoma melaniceps Boeck.

Alteutha bopyroides Claus.

Stenhelia ima Brady.

Harpacticus chelifer O.-F. Müller.

Dactylopus tisboides Claus.

Westwoodia nobilis Baird.

Idya furcata Baird.

Laophonte serrata Claus.

Laophonte thoracica Boeck.

Laophonte similis Claus.

Laophonte curticauda Boeck.

De plus, nous avons rencontré dans cette série un *Thalestris* qui est peut-être nouveau, et caractérisé par la longueur de la rame interne à la première paire de pattes; cette rame surpasse de moitié la rame externe; toutes deux sont terminées par des griffes robustes creusées d'un sillon, et les bords de ce sillon sont garnis de poils raides et courts qui forment de chaque côté une sorte de peigne. Très-caractéristiques également sont les cinquièmes pattes dont la rame externe, chez la femelle, a une longueur triple de celle du lobe interne. Enfin, la seconde antenne présente deux soies particulières dont la moitié distale porte des soies secondaires formant peigne.

Enfin nous avons trouvé, dans la même faunule, un exemplaire d'Harpacticide appartenant au genre *Nitocra* et très-voisin des espèces *Nitocra tau* et *Nitocra oligochæta*, étudiées par GIESBRECHT dans la faune de Kiel. En particulier, ce Copépode, de sexe femelle, se rapproche étroitement de *Nitocra tau* par l'allongement du dernier article à la rame interne de la première paire de pattes, comme par tous les détails d'ornementation de cet appendice; de même, les antennes et spécialement le palpe de la seconde, et la rame externe de la cinquième paire de pattes sont ceux de *Nitocra tau;* mais le lobe interne de cette dernière patte présente une ornementation plus riche que celle du type, à savoir deux longues soies pectinées atteignant la limite inférieure du second segment abdominal, plus six soies subégales plus petites, mais assez robustes, et qui se trouvent vers l'angle interne de la rame. Il est à noter que ces espèces de GIESBRECHT n'ont jamais été signalées ailleurs qu'à Kiel. C'est donc une acquisition nouvelle pour la faune normande, et même pour la faune française.

DESCRIPTION

D'UN

Crustacé amphipode nouveau de la famille des *Stenothoidæ* (*Parametopa Kervillei nov. gen. et sp.*) capturé au moyen d'une nasse par M. Henri Gadeau de Kerville, dans la région d'Omonville-la-Rogue (Manche)

(avec une planche en photocollographie)

Par Éd. CHEVREUX

La famille des *Stenothoidæ* [1] n'a longtemps compris que les quatre genres *Stenothoe*, *Probolium*, *Metopa* et *Cressa*. En 1893, le Professeur Della Valle [2], reprenant la description du type du genre *Probolium* (*P. polyprion* Costa), conclut du manque de palpe aux mandibules de cette espèce qu'elle doit prendre place dans le genre *Stenothoe*, et propose le nouveau genre *Proboloides* pour les deux espèces norvégiennes (*Probolium gregarium* et *P. calcaratum*) du Pro-

(1) Il ne m'a pas été possible de tenir compte, dans le présent travail, de la nouvelle famille des *Metopidæ*, mentionnée par le Rév. Stebbing dans une note préliminaire (*Revision of Amphipoda, continued;* Ann. and Mag. of Nat. Hist. (7), vol. IV). L'important ouvrage sur les Amphipodes, que le savant zoologiste anglais va publier dans « *Das Tierreich* », en nous faisant connaître les caractères de cette famille, permettra de décider si le genre *Parametopa* doit en faire partie.

(2) Della Valle. — *Gammarini del golfo di Napoli;* Fauna und Flora des Golfes von Neapel, vol. XX, Berlin, 1893, p. 907.

fesseur G.-O. Sars[1], espèces dont les mandibules portent un palpe triarticulé. Néanmoins, il n'est pas absolument prouvé que le genre *Probolium* doive disparaître de la nomenclature, puisque Costa[2], qui l'a créé, et M. Catta[3], qui a repris la description du *P. polyprion*, ne nous disent pas, non plus que M. Della Valle, si les lobes internes des maxillipèdes sont séparés ou coalescents chez cette espèce.

M. Della Valle propose également le nouveau genre *Metopoides* pour les quatre espèces décrites par le Rév. Stebbing sous les noms de *Metopa magellanica, M. parallelocheir, M. ovata* et *M. compacta* [4], espèces caractérisées par la présence d'un flagellum accessoire aux antennes supérieures. Enfin, j'ai été conduit à proposer le genre *Stenothoides* pour une espèce (*Stenothoides Perrieri*)[5] commensale des Astéries, draguée par l'*Hirondelle* dans les parages de Terre-Neuve. Le genre *Stenothoides* est principalement caractérisé par le palpe uniarticulé de ses mandibules et par les propodes subchéliformes de ses pattes des cinq dernières paires.

(1) G.-O. Sars. — *An account of the Crustacea of Norway. Vol. I. Amphipoda.* Christiania, 1890-1895, p. 245, pl. LXXXIV, et p. 247, pl. LXXXV.

(2) Costa. — *Ricerche sui Crostacei Amfipodi del Regno di Napoli;* Mem. della R. Acad. de Scienze di Napoli, vol. I. Napoli, 1857, p. 199, pl. II, fig. 3.

(3) Catta. — *Note sur quelques Crustacés erratiques;* Annales des Sc. nat., Zoologie (6), vol. III, Paris, 1876, p. 15, pl. II, fig. 1.

(4) Stebbing. — *Report on the scientific results of the voyage of* H. M. S. Challenger *during the years 1873-1876. Zoology, vol. XXIX. Report on the Amphipoda.* Edinburgh, 1888.

(5) Chevreux. — *Amphipodes provenant des campagnes de l'*Hirondelle, *1885-1888.* Résultats des campagnes scientifiques accomplies sur son yacht par Albert Ier, Prince souverain de Monaco. Fasc XVI. Monaco, 1900, p. 55, pl. VIII, fig. 2.

La forme décrite ci-dessous ne peut être classée dans aucun des genres dont il vient d'être question. Elle se rapproche des *Stenothoe* par le manque de palpe aux mandibules et des *Metopa* par le palpe uniarticulé de ses mâchoires de la première paire, tandis qu'elle s'écarte de ce dernier genre par les lobes internes, séparés jusqu'à la base, de ses maxillipèdes. Enfin, elle diffère de toutes les *Stenothoidæ* connues par la grandeur du lobe interne de ses mâchoires de la deuxième paire et par le développement remarquable de ses lamelles branchiales.

PARAMETOPA *nov. gen.*

Corps très-obèse, caréné sur la ligne dorsale médiane. Antennes d'égale taille chez la femelle, les antennes supérieures ne possédant pas de flagellum accessoire. Mandibules sans palpe. Palpe des mâchoires de la première paire uniarticulé. Lobes des mâchoires de la deuxième paire d'égale taille. Lobes internes des maxillipèdes séparés jusqu'à la base. Article basal des pattes de la cinquième paire étroit. Article basal des pattes des sixième et septième paires à peu près aussi large que long. Lamelles branchiales remarquablement développées. Uropodes de la dernière paire uniramés. Telson ovale.

PARAMETOPA KERVILLEI *nov. sp.*

(Pl. III)

L'unique exemplaire connu de cette espèce a été capturé dans une nasse, placée par M. Henri Gadeau de Kerville dans la région d'Omonville-la-Rogue (Manche), à la profondeur de 55 mètres. C'était une femelle ovifère, longue de 5 millimètres dans la position où elle est figurée (fig. 1), portant 48 œufs entre ses lamelles incubatrices.

Le corps, examiné en dessus, paraît remarquablement obèse, sa largeur atteignant tout près de la moitié de sa longueur. Une carène dorsale existe tout le long du mésosome et du métasome. La tête, très-courte, à peine aussi longue que le premier segment du mésosome, ne porte pas de projection rostrale et présente des lobes latéraux peu saillants, arrondis à l'extrémité. Le quatrième segment du mésosome est de beaucoup le plus long. Les segments du métasome augmentent progressivement de longueur, du premier au troisième. L'urosome est très-court. Les plaques coxales de la première paire, très-petites, quadrangulaires, sont en grande partie cachées par les plaques coxales de la deuxième paire, qui affectent une forme à peu près triangulaire. Les plaques coxales de la quatrième paire, extrêmement développées, régulièrement arrondies au bord postérieur, se prolongent en arrière jusqu'au niveau de l'extrémité du sixième segment du mésosome. Les plaques épimérales du troisième segment du métasome, fortement prolongées en arrière, sont arrondies à l'extrémité.

Les yeux, très-grands, ovales, occupent la majeure partie des faces latérales de la tête. Les antennes supérieures (fig. 7) atteignent à peu près la longueur de l'ensemble de la tête et des trois premiers segments du mésosome. Le premier article du pédoncule, très-volumineux, beaucoup plus long que l'ensemble des deux articles suivants, présente, à son extrémité antérieure, un prolongement obtus qui déborde sur l'article suivant. Le second article se prolonge de la même façon sur le troisième, qui n'atteint pas la longueur du premier article du flagellum. Ce flagellum comprend douze articles beaucoup plus longs que larges. Il n'existe pas de flagellum accessoire. Le dernier article du pédoncule et les trois premiers articles du flagellum portent, au bord postérieur, quelques touffes de cils assez allongés. Les antennes inférieures sont de la longueur des antennes supérieures. Le cinquième article du pédoncule est plus grêle et un peu plus court que le quatrième. Le flagellum comprend dix articles, garnis de quelques soies très-courtes.

La lèvre antérieure (fig. 2) présente deux lobes d'inégale

taille, séparés par une petite échancrure. Les lobes internes de la lèvre postérieure sont séparés sur un tiers environ de leur longueur, tandis qu'il sont complètement séparés dans le genre *Stenothoe*, et coalescents dans les genres *Proboloides* et *Metopa*. Les mandibules (fig. 3) ne présentent ni palpe, ni tubercule molaire. Le bord tranchant est armé de dix dents aiguës; le bord interne porte une rangée de douze épines barbelées. Le lobe externe des mâchoires de la première paire (fig. 4) est armé de nombreuses épines assez grêles et simples. Le lobe interne ne porte ni soies, ni épines. Le palpe, uniarticulé, se termine par une rangée d'épines. Les lobes des mâchoires de la deuxième paire (fig. 5) sont d'égale taille et diffèrent à peine l'un de l'autre; ils portent une touffe de fines épines à leur extrémité. Les lobes internes des maxillipèdes (fig. 6), séparés jusqu'à la base, se terminent chacun par deux longue soies spiniformes. Les lobes externes manquent, comme chez toutes les *Stenothoidæ*. Les palpes, très-robustes, garnis de longues et nombreuses soies, se terminent par un article dactyliforme, finement cilié au bord interne.

Les gnathopodes antérieurs (fig. 8) sont relativement robustes. L'article basal, large et quelque peu dilaté en son milieu, atteint à peu près la longueur de l'ensemble des quatre articles suivants; son bord antérieur est garni d'une rangée d'épines. L'article méral porte, au bord postérieur, une rangée de neuf longues épines. Le carpe, très-court, triangulaire, porte quelques épines plus courtes. Le propode est quadrangulaire; son bord palmaire est armé d'une rangée de six longues épines. Le dactyle, très-robuste, légèrement courbé à l'extrémité, est finement denticulé sur la dernière moitié de son bord interne.

Les gnathopodes postérieurs (fig. 9) sont plus robustes et plus allongés que les gnathopodes précédents. L'article basal, assez fortement dilaté à l'extrémité, porte une rangée d'épines au bord antérieur. L'article méral, subtriangulaire, se prolonge en pointe aiguë jusqu'au niveau de l'extrémité du carpe. Le propode, à peu près rectangulaire, est bordé de soies et porte quelques épines au bord postérieur. Le dactyle, faiblement courbé, dépasse un peu le bord palmaire en longueur.

Dans les pattes des troisième et quatrième paires, l'article méral se prolonge antérieurement jusqu'au niveau du milieu du carpe. Le bord postérieur du propode est garni d'une rangée d'épines.

L'article basal des pattes de la cinquième paire (fig. 10), assez étroit, n'est pas dilaté en arrière; son bord postérieur est garni de nombreuses épines. L'article méral, beaucoup plus large que les articles suivants, se termine en arrière par un prolongement triangulaire, qui atteint presque au niveau de l'extrémité du carpe. Ce dernier article n'a pas plus de la moitié de la longueur du propode; tous deux portent une rangée d'épines au bord antérieur. Le dactyle est fort et recourbé.

Les pattes des deux dernières paires, courtes et très-robustes, sont à peu près semblables entre elles. L'article basal, légèrement convexe au bord antérieur, très-fortement convexe au bord postérieur, est un peu plus long que large dans les pattes de la sixième paire, tandis qu'il est aussi large que long dans celles de la septième paire (fig. 11). Il porte, au bord antérieur, quelques fortes épines qui existent également dans les quatre articles suivants. L'article méral, très-dilaté, se termine en arrière par un large lobe triangulaire, atteignant au niveau de l'extrémité du carpe. Le propode est plus de deux fois aussi long que le carpe. Le dactyle, fort et recourbé, atteint plus de la moitié de la longueur du propode.

Les lamelles branchiales sont beaucoup plus développées que chez les autres formes de la famille des *Stenothoidæ*. Dans les gnathopodes postérieurs, ces lamelles sont presque aussi longues que l'article basal. Dans les pattes de la cinquième paire, elles atteignent les deux tiers de la longueur de cet article et dépassent de beaucoup les dimensions des lamelles incubatrices.

Le pédoncule des uropodes de la première paire (fig. 12) est garni de nombreuses épines, disposées sur deux rangs. La branche interne, un peu plus courte que le pédoncule, dépasse légèrement la branche externe en longueur. Le pédoncule des uropodes de la deuxième paire (fig. 13) porte deux rangées d'épines. La branche interne, notablement plus longue que la branche externe, est à peu près de la longueur du pédoncule. Dans les uropodes de la troisième paire (fig. 14), le pédoncule porte cinq petites épines. La branche unique se compose de deux articles d'égale taille, dont l'ensemble dépasse un peu le pédoncule en longueur. Le telson (fig. 15), ovale allongé, porte deux paires de petites épines, situées au voisinage de la partie basale de ses bords latéraux.

J'ai grand plaisir à dédier cette intéressante espèce, type d'un genre nouveau, à M. Henri Gadeau de Kerville, le zélé naturaliste qui poursuit avec tant de succès, depuis un certain nombre d'années, ses recherches sur les faunes terrestre, maritime et marine de la Normandie.

EXPLICATION DE LA PLANCHE III

Parametopa Kervillei femelle, nov. gen., nov. sp.

Fig. 1. — Femelle, vue du côté gauche .... × 15
Fig. 2. — Lèvre antérieure.............................. × 70
Fig. 3. — Mandibule.. × 70
Fig. 4. — Mâchoire de la première paire............ × 70
Fig. 5. — Mâchoires de la deuxième paire.......... × 70
Fig. 6. — Maxillipèdes . ... × 70
Fig. 7. — Antenne supérieure. .... × 38
Fig. 8. — Gnathopode antérieur.......................... × 30
Fig. 9. — Gnathopode postérieur........................ × 30
Fig. 10. — Patte de la cinquième paire.............. × 30
Fig. 11. — Patte de la septième paire .... × 30
Fig. 12. — Uropode de la première paire............. × 38
Fig. 13. — Uropode de la deuxième paire .... × 38
Fig. 14. — Uropode de la troisième paire .... × 38
Fig. 15. — Telson .... × 38

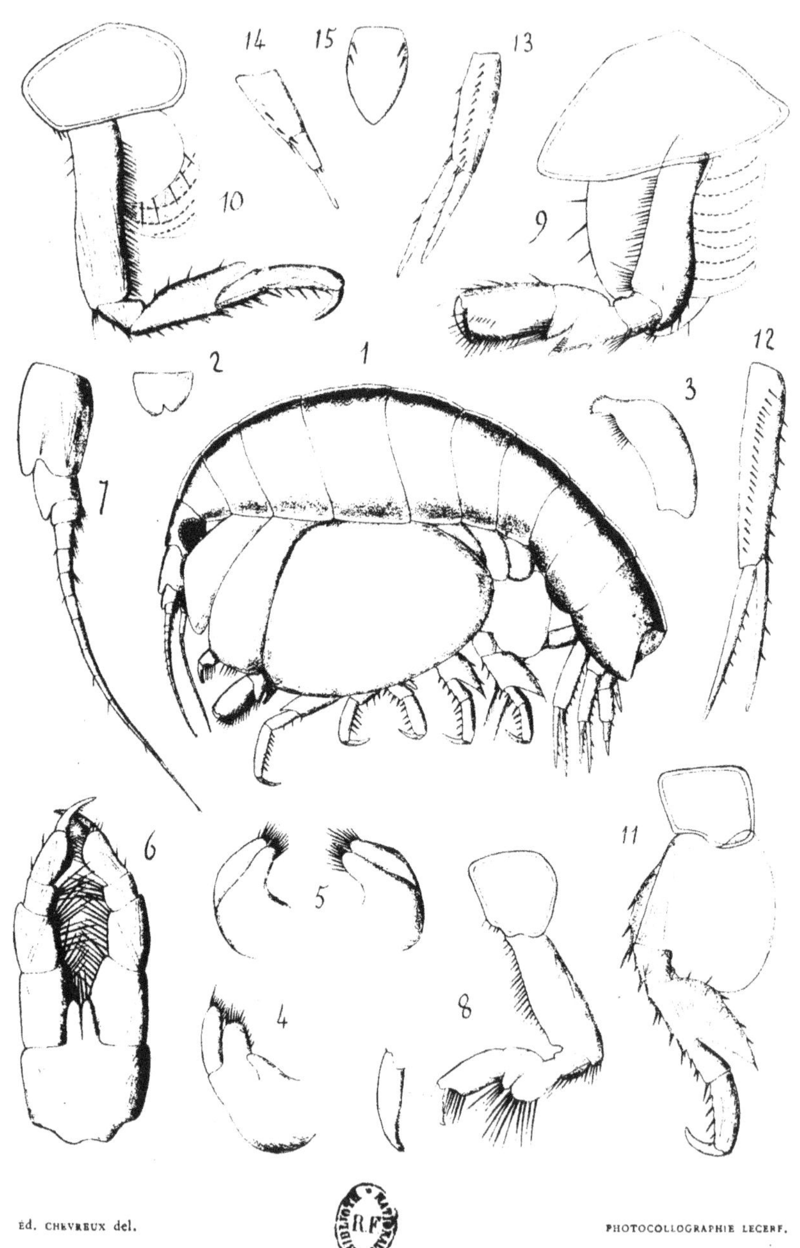

Éd. CHEVREUX del.

PHOTOCOLLOGRAPHIE LECERF.

PARAMETOPA KERVILLEI NOV. GEN. ET SP.

DESCRIPTION

D'UNE

NOUVELLE ESPÈCE DE CRUSTACÉ AMPHIPODE

de la famille des Caprellidés

(CAPRELLA ERETHIZON)

(avec trois figures dans le texte)

Par PAUL MAYER

Parmi les Caprellidés que M. Henri Gadeau de Kerville a bien voulu me confier pour en faire l'étude, se trouvait une nouvelle espèce. J'en avais reçu déjà, il est vrai, de M. É. Chevreux, une femelle, et je lui avais déjà donné le nom provisoire de *Caprella erethizon*, tout en me réservant d'en publier plus tard la description dans le second appendice à ma *Monographie des Caprellidés* (1). Mais je cède très-volontiers à la demande de M. Henri Gadeau de Kerville d'insérer une courte note dans le compte-rendu de son troisième voyage zoologique sur le littoral de la Normandie. C'est pour cela que je la publie maintenant, en me servant des spécimens recueillis par ces deux naturalistes. Bien que seulement basée sur deux mâles et deux femelles, la nouvelle espèce est assez caractéristique pour permettre une description suffisante.

La longueur du mâle dépasse 3 millimètres; celle de la femelle arrive presque à 4 millimètres; il ne m'a pas été possible de donner des chiffres plus exacts, les animaux étant tous trop courbés. Le dos du mâle et de la femelle est fortement épineux (d'où le nom d'*erethizon*). Les épines

(1) *Monographie der Caprelliden*, in : Fauna Flora Golf. Neapel, 6. Monogr., 1882.

placées au bout de chaque segment sont impaires, tandis que les autres sont paires, ce qui, du reste, est la règle pour la plupart des Caprellidés. Chez le mâle, les segments 2, 3 et 4 portent chacun une paire d'épines latéro-ventrales qui, chez la femelle, n'existent qu'au segment 3 (voir les fig. 1 et 2).

Fig 1. — *Caprella erethizon* mâle.
Les poils ne sont pas dessinés.
(Grossi 14 fois).

Les antennes antérieures sont fortement pourvues de poils ; leur fouet est composé de 7 articles chez la femelle, de 6 chez le mâle le plus grand [1]; mais, très-probablement, on

Fig. 2. — *Caprella erethizon* femelle.
Les poils des antennes sont seuls dessinés.
(Grossi 14 fois).

trouvera des mâles encore plus âgés. Les antennes inférieures portent de gros poils. Le second bras naît, chez la femelle, à l'extrémité antérieure du segment correspondant, et, chez le mâle, plutôt vers l'extrémité postérieure de ce seg-

(1) Chez le petit mâle, il y a seulement 4 articles.

ment. Il est court et porte une crête forte qui, chez le mâle, est ondulée. La seconde main est pourvue d'une forte épine d'enfoncement et d'une épine accessoire (fig. 3). La dent venimeuse du mâle est très-forte (fig. 1); celle de la femelle est petite (fig. 2 et 3); l'ongle est très-long et pointu. Les branchies sont petites. Les segments postérieurs du corps sont relativement courts. Quant aux pattes 5 à 7 qui, du reste, manquaient pour la plupart, leurs épines d'enfoncement sont implantées au bord proximal de l'article 6.

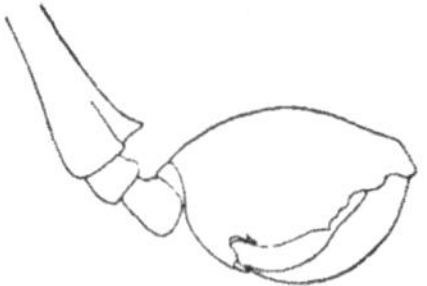

Fig. 3. — *Caprella erethizon.* Bras gauche de la femelle représentée dans la fig. 2. La dent accessoire et la dent d'enfoncement sont visibles. (Grossi 30 fois).

Habitat. — Les deux mâles proviennent des îles Saint-Marcouf (Manche), dans la zone du balancement des marées (septembre 1894); l'une des femelles, qui porte des larves dans sa poche incubatrice, provient de la région d'Omonville-la-Rogue (Manche), à environ 30 mètres de profondeur (juin-juillet 1899), l'autre du Havre (Seine-Inférieure) (envoi de M. É. Chevreux). Les trois exemplaires recueillis par M. Henri Gadeau de Kerville étaient couverts d'une espèce de boue gluante qui m'a beaucoup gêné pendant l'étude; le quatrième exemplaire était assez macéré. Vu cette condition de choses, il est à souhaiter d'avoir des matériaux plus nombreux et en meilleur état.

Qu'il me soit permis d'ajouter, à cette description aride, quelques remarques d'un caractère général. C'est intentionnellement que j'ai fait très-courte la description de cette nouvelle espèce, en y indiquant seulement les caractères distinctifs. En effet, il est au moins superflu, et dans la plupart des cas nuisible, de publier, en suivant l'exemple de quelques autorités bien connues en carcinologie, des descriptions longues de quelques pages, qui ne donnent pas seulement les traits vraiment essentiels, mais encore des indications très-peu utiles. En me bornant aux Caprellidés

— et je crois que cela est juste pour tous les Amphipodes — à quoi est-ce utile de toujours décrire et figurer longuement les parties buccales, surtout si la description en est faite pour ainsi dire mécaniquement, c'est-à-dire sans tenir compte des différences de l'espèce en question et des espèces voisines, et si les figures ne sont pas exécutées avec toute la finesse nécessaire pour des parties aussi subtiles? Même la description de la première jambe est en général superflue, celle-ci étant en règle beaucoup moins caractéristique que la deuxième. Dans notre cas spécial, en mettant tout simplement la nouvelle espèce *erethizon* dans le genre *Caprella*, j'exprime, de la manière la plus courte possible, le résultat de mes recherches sur les parties buccales, l'abdomen, etc., en somme sur tous les caractères génériques; et il ne me semble pas du tout nécessaire, ni même bon, d'ajouter que la mandibule n'a pas de palpe, que les segments 3 et 4 ne portent pas d'extrémités, etc.

Tout en considérant les descriptions trop longues comme un fardeau aussi lourd qu'inutile pour la systématique, je ne suis pas, d'autre part, d'accord avec beaucoup d'auteurs de *catalogues faunistiques*. En général, ceux-ci ne donnent que des noms, sans fournir la moindre garantie que les déterminations soient justes. Or, la plupart des espèces, même des plus ordinaires, telles que les *Caprella linearis*, *acutifrons*, le *Pseudoprotella phasma*, présentent des variations locales. Si les auteurs de tels catalogues ajoutaient, pour chaque espèce, quelques renseignements prouvant qu'ils ont tenu compte de ces variations, on aurait beaucoup plus de confiance dans ces listes. Je me suis déjà prononcé à cet égard, il y a onze ans (1); et, tout dernièrement, un autre carcinologue, M. Th.-R.-R. Stebbing (2), s'exprime d'une ma-

(1) *Nachtrag zur Monographie der Caprelliden*, 1890, p. 95 et suiv.

(2) *Arctic Crustacea : Bruce Collection*, in : Ann. Mag. Nat. Hist. (7), vol. 5, 1900, p. 1-16.

nière presque identique, en disant (p. 15) : « I am aware that faunistic lists, without any particulars to guarantee the identification or to warn the reader of lurking errors, are of little value ». Il me plaît de me trouver ainsi d'accord avec M. Stebbing, auteur si connu par ses nombreux travaux de carcinologie.

Dans la description de ma nouvelle espèce, on ne trouvera pas de *termes techniques grecs*, comme cephalon, gnathopode, pereion, etc., termes qui, selon moi, sont superflus. Je compte les segments tout simplement d'avant en arrière, en donnant aux extrémités le même numéro que le segment qui les porte. De cette manière, j'évite tout malentendu et n'embarrasse pas le lecteur par une érudition plus apparente que réelle. De même, en croyant mal appliquées des expressions comme coxa, meron, etc., je ne fais que compter les articles des extrémités, réservant des noms spéciaux seulement pour le dernier (7me) et pour l'avant-dernier (6me), c'est-à-dire pour l'ongle et la main. Ces deux noms, pour être parfaitement intelligibles, n'ont heureusement pas besoin d'être traduits ni en grec, ni en latin.

Je désire encore attirer l'attention des auteurs qui s'occupent d'Amphipodes sur les termes introduits par moi pour désigner les parties saillantes du bord palmaire de la main de la 2me patte, car ils me semblent marquer un progrès évident. En effet, non-seulement ils permettent une description plus succincte, mais ils sont aussi basés sur des considérations morphologiques. Dans notre cas du *C. erethizon* (voir la fig. 1), je dis tout brièvement : « épine d'enfoncement proximale, dent venimeuse grande », tandis que, par exemple, G.-O. Sars [1], dans le cas du *C. linearis* femelle, s'exprime ainsi : « ... palm terminating in front with a very slight rounded lobe having below a small dentiform projection, defining angle rather projecting, being

(1) *An Account of the Crustacea of Norway. Vol. 1, Amphipoda*, 1895, p. 657 et 658.

tipped by a strong spine, and having at the base another spine issuing from a small tuberculiform projection... » et, du mâle, « ... palm irregularly indented, having, at about the middle, an acute projection, and in front, a rather projecting, angular lobe, the two being separated by a deep sinus, defining angle as in the female ... ». Jusqu'à présent, j'ai suivi seul cette nomenclature; mais il me semble que cela vaut bien la peine de regarder si elle ne pourrait pas être avantageuse pour tous les Amphipodes, parmi lesquels, au moins dans quelques familles, existent sans doute des conformations homologues. Quant aux raisons morphologiques de cette nomenclature, on constate aisément qu'en effet, à la *dent venimeuse* s'ouvre une glande située dans l'épaisseur de la main et souvent développée énormément. Or, puisque l'animal, en saisissant sa proie, fait sortir la sécrétion [1] de la glande, il y a toute raison de supposer qu'elle est de nature venimeuse (voir aussi ma *Monographie*, p. 115). En règle, la dent venimeuse se trouve plus vers la base de l'ongle; mais, dans les cas exceptionnels où l'*épine d'enfoncement* fait défaut, elle peut occuper une position tout à fait proximale, simulant alors l'épine d'enfoncement. Toutefois, même dans de tels cas, on trouve toujours, chez les animaux plus jeunes, cette épine, et, par cela, on peut se rendre compte de la nature de la dent venimeuse [2]. Quant à l'*épine accessoire* (qui est parfois double), elle est située de l'autre côté de l'enfoncement, servant pour recevoir la pointe de l'ongle (fig. 3), mais elle ne se trouve, ni chez toutes les espèces, ni à tous les âges (consulter à cet égard mon *Nachtrag*).

Pour terminer, je me permets de dire encore deux mots

(1) Il n'est pas rare de trouver, sur des échantillons en alcool, la dent venimeuse cachée en partie par une goutte coagulée de cette matière sécrétée.

(2) Qu'on lise à ce propos ce que j'ai écrit dans mon *Nachtrag*, p. 120-122.

sur les *dessins* accompagnant ces lignes. Je suis d'avis que l'on bannisse de tels dessins, qui servent seulement à la systématique, tout ce qui n'est pas essentiel ; par conséquent, que l'on ne s'efforce pas de dessiner tant bien que mal les muscles, qui n'ont rien à faire dans cette figuration. Au lieu de tout cela, il est, selon moi, nécessaire d'indiquer seulement les contours de l'animal. Quant aux structures paires, par exemple, les extrémités, on tiendra compte seulement, en général, de celles d'un côté. Pour faciliter encore davantage les comparaisons entre les espèces voisines, il est à souhaiter qu'on oriente les animaux toujours de la même manière, par exemple, la tête toujours à droite ou toujours à gauche. Cela semble très-naturel; mais, malheureusement, pour de vagues idées d'esthétique ou par négligence, la plupart des auteurs n'y tiennent pas. En général, il me semble que les auteurs, en publiant leurs œuvres, ne pensent pas assez au pauvre lecteur ; mais de ce thème, qui devrait être traité sérieusement, je ne veux pas parler ici.

NOTE

SUR LES

ACARIENS MARINS (*HALACARIDÆ*)

récoltés par M. Henri GADEAU de KERVILLE
dans la région
d'Omonville-la-Rogue (Manche) et dans la fosse de la Hague

(JUIN—JUILLET 1899)

Par le DOCTEUR E. TROUESSART

Avec 2 planches en photocollographie, faites sur les dessins
de M. G. NEUMANN
Professeur à l'École vétérinaire de Toulouse

Dans cette troisième campagne de dragages, M. Henri GADEAU DE KERVILLE a exploré la région de nos côtes de la Manche formée par l'extrême pointe Nord-Ouest de la grande presqu'île qui porte le nom de *presqu'île du Cotentin*, et qui comprend la plus grande partie du département de la Manche.

Les roches qui bordent cette côte, notamment au *cap de la Hague*, sont essentiellement granitiques, et nous avions l'espoir d'y retrouver la faune halacarienne très-spéciale que les recherches de M. É. CHEVREUX, au Croisic, nous ont révélée comme caractéristique de ces roches primordiales, et qui comprend, entres autres types remarquables, les *Scaptognathus tridens*, *Acaromantis squilla* et *Coloboceras longiusculus* qu'on n'a trouvés nulle part ailleurs. Bien que M. Henri GADEAU DE KERVILLE ait pris soin, comme je l'en avais prié, d'explorer les fentes des rochers qui bordent la fosse de la Hague à l'aide de fauberts, engins qui pénètrent jusque dans les failles les plus étroites, notre espoir s'est trouvé déçu. Aucune de ces trois espèces, ni aucune autre espèce analogue, ne s'est rencontrée dans ses récoltes. J'attribue ce résultat négatif à l'impétuosité des courants qui baignent cette côte avancée, et dont le plus célèbre est le Raz Blanchart. On sait que ce courant, poussé par la marée, atteint une vitesse de 16 kilomètres à l'heure, et l'on conçoit que les Halacariens, de même que les Algues qui leur servent d'abri, ne puissent se fixer dans les anfractuosités des roches syénitiques, sans cesse battues par la mer, qui bordent cette côte.

C'est ce qui explique la pauvreté relative de cette faune lorsqu'on la compare à celle de Granville (Manche), et même à celle de Grandcamp-les-Bains (Calvados), qui ont fait l'objet des deux premières explorations de M. Henri Gadeau de Kerville. La faune est d'ailleurs la même, mais les individus de chaque espèce sont plus rares, et quelques espèces n'ont pas été récoltées, bien que leur présence dans cette région semble très-vraisemblable, puisqu'on les trouve sur les deux autres points formant, de part et d'autre, l'extrême limite de ces recherches.

Cependant, cette troisième campagne n'aura pas été totalement infructueuse. Elle m'a permis notamment d'enrichir la faune marine de la Normandie d'une espèce qui n'avait pas encore été signalée dans le canal de la Manche et n'était connue que de la Baltique (*Halacarus loricatus* Lohmann). J'ai pu y adjoindre une seconde espèce (*Halacarus lamellosus* Lohmann), entièrement nouvelle pour les mers d'Europe, et qui a été draguée par M. Malard sur la côte orientale du Cotentin. — J'ai saisi, en outre, l'occasion de décrire plus amplement et de figurer des espèces voisines qui ne l'avaient pas encore été dans les publications de M. H. Lohmann ou dans les miennes.

Je dois remercier ici M. le Professeur G. Neumann, dont le dévouement à la science et la précieuse collaboration ne m'ont jamais fait défaut, et qui a bien voulu, comme dans mes notes précédentes, me prêter l'appui de son talent de dessinateur. Les deux belles planches qui illustrent ce court mémoire en seront le principal attrait.

Comme dans la note précédente, je commencerai par donner un tableau comparatif des espèces recueillies au cours des trois campagnes de M. Henri Gadeau de Kerville en 1893, 1894 et 1899 (1).

Comme on le voit par le tableau ci-après, la faune la plus riche est celle de Granville (22 espèces sur 26 que comprend la faune entière de la Normandie). Il est vraisemblable que la vaste baie, relativement calme et abritée, du Mont-Saint-Michel, est plus favorable au développement des Halacariens que les deux autres localités.

La baie des Veis, située de l'autre côté de la presqu'île du Cotentin (Grandcamp-les-Bains, îles Saint-Marcouf et Saint-Vaast-la-Hougue), vient ensuite avec 17 espèces (les genres *Scaptognathus* et *Simognathus* semblent faire défaut).

La faune la moins riche est celle de l'extrémité occidentale de la péninsule du Cotentin (Omonville-la-Rogue et fosse de la Hague), qui n'a fourni que 14 espèces. Comme je l'ai déjà dit, on doit attribuer cette pénurie — nettement accusée par le petit nombre d'individus qui représentent chaque espèce — à la rapidité des courants qui baignent cette côte.

Comparée à la faune du Pas-de-Calais telle que les dragages de M. le Professeur P. Hallez nous l'ont fait connaître, la faune des côtes de Normandie semble plus riche avec 26 espèces, tandis que le Pas-de-Calais n'a fourni que 17 espèces. Une de ces dernières (*Halacarus balticus*) paraît faire défaut dans la Manche et caractérise les champs

(1) Au moment où j'écris ces lignes, je reçois la livraison du « *Tierreich* » qui contient la monographie des Halacaridæ, rédigée par le Dr H. Lohmann (de Kiel), qui vient de paraître (juin 1901), et qui renferme plusieurs modifications à la nomenclature des genres et des espèces. Il en sera tenu compte dans la suite de ce travail.

Tableau de la répartition géographique des Halacaridés sur les côtes de Normandie.

Nota. — La synonymie et l'ordre de classement des espèces sont conformes à ceux adoptés par M. Lohmann dans le *Tierreich* (1901).

LOCALITÉS EXPLORÉES	A Granville et Iles Chausey.	B Grandcamp-les-Bains, Iles Saint-Marcouf et Saint-Vaast-la-Hougue.	C Omonville-la-Rogue et fosse de la Hague.
1. *Rhombognathus pascens* . . .	*	*	*
2. — *Seahami* . .	*	*	*
3. — *magnirostris*	*	*	*
4. *Agaue brevipalpus*	*	....	*
5. — *microrhyncha*	*	*	....
6. *Halacarus Chevreuxi*	*	*	*
7. — *anomalus*	*	....	....
8. — *actenus*	*	*	....
9. — *ctenopus*	*	....	....
10. — *Basteri* (*spinifer*)	*	*	*
11. — *inermis* (*striatus*).	*	....	....
12. — *longipes* (*Murrayi*)	....	*	*
13. — *humerosus*	....	*	....
14. — *glyptoderma* . . .	*	....	....
15. — *loricatus*	....	....	*
16. — *gracilipes*	*	*	*
17. — *gibbus*	*	*	*
18. — *oculatus*	*	*	*
19. — *rhodostigma* . . .	*	*	....
20. — *tabellio*	*	*	....
21. — *lamellosus*	....	*	....
22. — *Fabriciusi*	*	....	*
23. *Scaptognathus Hallezi* . . .	*	....	....
24. *Lohmannella* (1) *falcata* . . .	*	*	*
25. — *Kervillei* . . .	*	*	*
26. *Simognathus liomerus* . . .	*	....	....
Totaux.	22 espèces.	17 espèces.	14 espèces.

(1) Nouveau nom de genre pour *Leptognathus* (préoccupé). (Voyez ci-après).

de Bryozoaires, si abondants dans le détroit, et qui semblent beaucoup plus rares dans les régions explorées par M. Henri Gadeau de Kerville.

Comparée à la faune de nos côtes de l'Océan, la faune de la Manche est moins riche, si l'on en juge par les résultats obtenus jusqu'à ce jour. En effet, nos côtes de l'Océan ont fourni presque toutes les espèces trouvées dans la Manche et de plus les 5 espèces suivantes : *Agaue hirsuta* (du golfe de Gascogne), *Coloboceras longiusculus*, *Scaptognathus tridens*, *Simognathus sculptus* et *Acaromantis squilla* (des roches granitiques du Croisic). Cependant, il est possible que ces quatre dernières espèces se retrouvent sur les côtes septentrionales de la péninsule armoricaine (Côtes-du-Nord), formées par les roches primitives, et qui n'ont pas encore été explorées au point de vue qui nous occupe ici.

REVUE MÉTHODIQUE DES ESPÈCES ET DESCRIPTION DES ESPÈCES ET SOUS-ESPÈCES NOUVELLES POUR LA FAUNE DE LA MANCHE (1).

Genre Rhombognathus Trt., 1888.

Ce genre ne se trouve que dans la zone littorale; au delà de la profondeur de 10 à 15 mètres, il disparaît complètement ou ne se trouve plus qu'accidentellement, tandis qu'il est très-abondant sur les Corallines, dans la zone des marées, et sur les Algues épaves.

1. **Rhombognathus pascens** Lohm.

Récolté dans les localités suivantes : Anse de Saint-Martin,

(1) On prendra pour guide, dans cette revue, l'ordre systématique et la synonymie adoptés par M. le Dr H. Lohmann dans sa récente Monographie intitulée : *Das Tierreich* (13 Lief.); Piersig und Lohmann, *Hydrachnidæ und Halacaridæ* (Berlin, juin 1901).

sur des Algues fraîches (28 juin 1899); lavage de Corallines et d'Algues brunes et roses recueillies à marée basse, etc.

1 *bis*. **Rhombognathus exoplus**, *nov. sp.* (1)

2. **Rhombognathus Seahami** Hodge.

Se trouve presque partout avec l'espèce précédente. La femelle, que M. H. Lohmann n'a pas décrite dans sa Monographie de 1889, est plus grande et souvent plus large que le mâle. L'ouverture génitale (ou *thocostome*) est située à l'extrémité de l'abdomen, mais sur un plan inférieur à celui du tubercule anal.

3. **Rhombognathus magnirostris** Trt.

Les caractères de cette belle espèce sont assez tranchés (2) pour qu'il y ait lieu de la considérer comme bien distincte de *Rh. notops*, tant que l'on ne connaîtra pas de types intermédiaires (3).

Moins commune que les deux autres espèces, mais habitant les mêmes localités dans la zone littorale.

Rhombognathus magnirostris lionyx Trt.

1900. *Rh. magnirostris lionyx* Trouessart, *Bull. Soc. Zool. France,* XXV, p. 38; *Bull. Soc. Ét. Scient. d'Angers*, 1899 (1900), p. 209.

(1) Voyez l'*Appendice* (p. 265).

(2) Les principaux caractères qui la distinguent de *Rh. notops* sont les suivants : *a*) dent accessoire des griffes portant un peigne court de 5 à 6 dents; *b*) épistome coupé carrément ou légèrement convexe en avant, laissant le rostre à découvert.

(3) Le *Rhombognathus longirostris* Trt. (C.-R. Acad. Sc., 1888, tome 107, p. 754), que M. Lohmann fait encore figurer dans les *Halacaridæ* du « Tierreich », est une espèce nominale fondée sur une déformation due à la préparation.

Cette sous-espèce nouvelle est voisine de *Rh. magnirostris plumifer* Trt. Elle en diffère par sa taille plus petite et ses griffes dépourvues, aux quatre paires de membres, du peigne accessoire en forme de râteau, recourbées simplement en faucille et non pectinées. Trois poils pinnatifides à la première paire de pattes (deux au cinquième article et un au quatrième), comme chez *plumifer*. Les poils plumeux des pattes postérieures sont peu développés. — Long. tot. : 0 millim. 35.

Habitat. — Saint-Vaast-la-Hougue (Manche), sur *Lithothamnion coralloïdes* (par 3°,15 long. — 49°,37 lat. Nord), par M. Malard, sous-directeur du Laboratoire maritime du Muséum de Paris. — Cette forme se rattache, par conséquent, à la faune de la côte orientale du Cotentin, étudiée dans la note relative au deuxième voyage d'exploration de M. Henri Gadeau de Kerville.

Genre **Agaue** Lohmann, 1889.

Par la brièveté relative des palpes, ce genre se rapproche de *Rhombognathus* et doit, par conséquent, dans une classification systématique, prendre place entre ce genre et *Halacarus*.

4. **Agaue brevipalpus** Trt.

(Pl. V, fig. 2—2 *e*).

Cette espèce, la plus commune sur les côtes de France et le type du genre, n'avait pas encore été figurée.

Assez rare dans la région d'Omonville-la-Rogue. Quelques individus se trouvent dans le lavage des Corallines provenant de la zone du balancement des marées (anse de Saint-Martin, près du port Racine ou port des Vaux). C'est la localité la plus riche par le nombre des espèces (11) représentées dans ce lavage.

Genre Halacarus Gosse, 1855.

Ce genre se subdivise en 4 sous-genres dont 3 sont représentés sur les côtes de France, savoir : *Leptospathis* Trt., 1894; *Halacarus* proprement dit, et *Copidognathus* Trt., 1888. — Je ne vois aucune raison pour changer *Leptospathis* en *Polymela* (Lohmann, 1901), le type du groupe étant pour ce dernier auteur, comme pour moi, *Halacarus Chevreuxi*. Le fait d'écarter de ce sous-genre *H. longipes* (= *H. Murrayi*) pour le classer dans *Halacarus* proprement dit, est insuffisant pour légitimer ce changement, contraire à toutes les lois de priorité.

Sous-Genre Leptospathis Trt., 1894.

Chevreuxi-gruppe, Lohmann, 1893.

Polymela, Lohmann, *Das Tierreich* (*Halacaridæ*), 1901, p. 287.

5. **Halacarus Chevreuxi** Trt.

Assez rare dans la région d'Omonville-la-Rogue. Lavage de fauberts, Omonville-la-Rogue, par 30 mètres de profondeur. Corallines de l'anse de Saint-Martin (adultes et larves; variété à lamelles peu développées).

Sous-Genre Halacarus proprement dit.

6. **Halacarus Basteri** Johnston.

1836. *Acarus Basteri* Johnston, *Mag. Nat. Hist.*, IX, 1836, p. 353, fig. 51 *a*, *b*.

1889. *Halacarus spinifer* Lohmann, *Zool. Jahrb. Syst.*, IV, p. 343, pl. 8, fig. 101, 102; — 1897. Trouessart, *Bull. Soc. Amis des Sc. Nat. de Rouen*, 2e sem. 1897, p. 428; et *Recherches sur les faunes marine et maritime de la Normandie* (*2e voyage*), par Henri Gadeau de Kerville, 1897, p. 428.

1901. *Halacarus Basteri* (Johnston), Lohmann, *Das Tierreich* (*Halacaridæ*), p. 292.

D'accord avec M. LOHMANN, je restitue à cette espèce, la plus anciennement connue de tous les Halacaridés, le nom sous lequel elle a été décrite et figurée par G. Johnston, dès l'année 1836.

Commun partout. — Lavage d'Algues brun-rouge et roses (anse de Saint-Martin), par 10—15 mètres; lavage de fauberts (fosse de la Hague), par 75—105 mètres (un seul spécimen); Corallines littorales de l'anse de Saint-Martin (assez commun), etc.

Halacarus inermis TRT.

1888. *Halacarus inermis* TROUESSART, *C.-R. Acad. des Sc. de Paris*, t. 107, p. 754.

1889. *Halacarus striatus* LOHMANN, *Zool. Jahrb. Syst.*, IV, p. 342, pl. 8, fig. 117, 118; — TROUESSART, *Bull. Soc. Amis des Sc. Nat. de Rouen,* 1er sem. 1894, p. 154; etc.

1901. *Halacarus inermis* (TRT.) LOHMANN, *Das Tierreich* (*Halacaridæ*), p. 293.

M. LOHMANN a cru devoir restituer à cette espèce le nom d'*inermis* qui a la priorité.

Cette espèce n'est pas représentée dans les collections faites à Omonville-la-Rogue. Elle appartient à la faune des Bryozoaires, si abondante dans le Pas-de-Calais, et je rappelle qu'elle est rare à Granville, seule localité des côtes de Normandie où elle ait été signalée.

7. **Halacarus longipes** TRT.

1888. *Leptopsalis longipes* TROUESSART, *C.-R. Acad. des Sc. de Paris*, t. 107, p. 754.

1889. *Halacarus Murrayi* LOHMANN, *Zool. Jahrb. Syst.*, IV, p. 338, pl. 7, fig. 83; pl. 8, fig. 86, 87; — TROUESSART, *Bull. Soc. des Amis des Sc. Nat. de Rouen*, 2e sem. 1897, p. 427; et *Recherches*, etc.

1901. *Halacarus longipes* (TRT.) LOHMANN, *Das Tierreich* (*Halacaridæ*), p. 294.

Comme pour l'espèce précédente, M. Lohmann a restitué à cette espèce le nom qui a la priorité.

Lavages de Corallines et d'Algues, dans la zone du balancement des marées (anse de Saint-Martin). Comme d'habitude, on ne trouve, en été, que des nymphes.

Sous-Genre Copidognathus Trt., 1888.

8. **Halacarus loricatus** Lohmann.

(Pl. IV, fig. 1—1 c).

1889. *Halacarus loricatus* Lohmann, *Zool. Jahrb. Syst.*, IV, p. 349 ; — 1893. Id., *Ber. Komm. D. Meere*, VI, p. 199 (note); — Trouessart, *Bull. Scient. de la France et de la Belgique*, XX, 1889, p. 241 ; — Lohmann, *Das Tierreich* (*Halacaridæ*), 1901, p. 296.

Cette espèce, qui appartient au groupe dont le type est *H. Fabriciusi* et qui forme, en quelque sorte, la transition entre *Halacarus* proprement dit et le « *Rhodostigma-gruppe* » de Lohmann, n'avait pas encore été signalée sur les côtes de France.

M. Lohmann la décrit de la manière suivante :

« Caractères. — Palpes à 3e article inerme; plaques oculaires larges à cornée bien développée; épine du 5e article des pattes antérieures non pinnatifide et sans saillie basilaire; anus terminal. D'ailleurs semblable à *H. Fabriciusi*. (Décrit d'après une nymphe).

» Description. — La forme du corps est semblable à celle d'*H. Fabriciusi*. Le rostre est de tout point semblable : l'ongle ou lame des mandibules est finement dentelé sur son bord concave. Plaques dermiques du tronc plus épaisses que chez *H. Fabriciusi;* le pore latéral de la plaque oculaire présente un contour très-apparent.

» Pattes. — Semblables à celles d'*H. Fabriciusi* par la répartition des appendices sétiformes; mais les griffes sont plus longues et plus grêles, à peigne très-serré, à dent latérale très-fine. Le 3e article de la première paire ne porte que le triangle ordinaire de soies, et manque de celle que porte, à la face inférieure, *H. Fabriciusi*. Le 5e article porte, à sa face inférieure, 4 épines dont aucune n'est pinnatifide; toutes sont simples et égales. Le 6e article, à toutes les pattes, ne porte qu'une soie en avant de la gouttière unguéale (au lieu de 3 aux pattes antérieures et 4 aux postérieures chez *H. Fabriciusi*). — Long. tot. : 0 millim. 391; le tronc seul : 0 millim. 274 ».

Cette description donnée par Lohmann, d'après la nymphe, concorde bien avec les caractères fournis par l'adulte, découvert dans la Manche par M. Henri Gadeau de Kerville, comme le montre nos figures (pl. IV, fig. 1—1 *c*), à comparer à celles d'*H. Fabriciusi* données par Lohmann (*Plankton-Expedition*, *Halacaridæ*, pl. VIII, animal entier, et pl. VII, 2, 3, détails). J'y ajouterai seulement les particularités suivantes :

Les plaques oculaires se terminent en arrière par une pointe anguleuse (et non arrondie comme chez *H. Fabriciusi*). La plaque de l'épistome est un peu échancrée ou sinuée sur son bord postérieur (et non arrondie). Cette plaque est plus largement séparée de la plaque notogastrique chez *H. Fabriciusi*. Enfin, la sculpture de cette dernière plaque est plus nettement divisée en trois bandes longitudinales de fovéoles en rosaces, comme le montre notre figure. L'organe génital (femelle, fig. 1, *a*) est peu différent de celui d'*H. Fabriciusi*.

Habitat. — Dans la Manche, l'*Hal. loricatus* a été recueilli à l'aide de fauberts, par M. Henri Gadeau de Kerville, dans la fosse de la Hague; il se trouve dans deux récoltes faites dans cette localité (par 70—80 mètres et par 75—105 mètres), avec des débris de Bryozoaires et d'Algues roses. — Il a été recueilli à Dakar (côte d'Afrique), par M. Chevreux. — Dans la Baltique, M. Lohmann dit qu'il se trouve, à Kiel, sur les Algues rouges par 12 brasses (soit 20 mètres de profondeur).

Halacarus glyptoderma Trt.

(Pl. IV, fig. 2—2 *e*).

1888. *Halacarus glyptoderma* Trouessart, *C.-R. Acad. des Sc. de Paris*, t. 107, p. 755; — 1889. Le même, *Bull. Scient. de la France et de la Belgique*, t. 20, p. 241; — 1893. Le même, *Au Bord de la Mer*, p. 209, fig. 92; — 1901. Lohmann, *Das Tierreich* (*Halacaridæ*), p. 296.

Bien que cette belle espèce n'ait pas été rencontrée au cours de cette troisième campagne (elle se trouve, dans tous les cas, à Granville, comme nous l'avons dit en traitant des Halacaridés de la première campagne de M. Henri Gadeau de Kerville), j'ai saisi cette occasion de la décrire et de la figurer comparativement avec l'espèce précédente dont elle est voisine.

Caractères. — Rostre court et robuste, terminé par un hypostome court, rétréci dès sa base et à extrémité tronquée carrément. Mandibules à tige fortement renflée, de telle sorte qu'il est presqu'impossible de faire une préparation sans qu'elles sortent de leur gaîne en s'écartant (comme le montrent nos figures : pl. IV, 2, 2 *a*, 2 *b*). Lame ou ongle de ces mandibules large, dentelée, avec un appendice basilaire assez développé (2 *c*). Pas de poil pinnatifide au 5e article des pattes antérieures. Plaque notogastrique portant quatre rangées parallèles de sculptures en rosaces très-régulièrement disposées.

Rostre. — La forme de cet organe est très-caractéristique : l'hypostome court, rétréci dès la base et tronqué à son extrémité ; la tige des mandibules courte et renflée, ne se retrouvent chez aucune autre espèce connue du sous-genre *Copidognathus*. La base du rostre porte sur les côtés et en dessous des sculptures en rosaces semblables à celles de la plaque de l'épistome.

TRONC. — La plaque de l'épistome est sub-quadrangulaire à bord antérieur et postérieur presque droit, les bords latéraux un peu échancrés au niveau du rebord dorsal de la plaque sternale ; le champ de cette plaque porte trois impressions saillantes disposées en triangle, l'antérieure médiane arrondie, les deux postérieures symétriques ovales, et toutes trois portent des sculptures en rosaces hexagonales ou pentagonales. Les plaques oculaires sont sub-quadrangulaires, assez grandes, arrondies à leur angle antérieur, se prolongeant en arrière par une pointe bien marquée. Il existe une grande cornée antérieure et deux beaucoup plus petites, rudimentaires, en arrière de la précédente. Les sculptures en rosaces sont moins nettes que sur la plaque de l'épistome. La plaque notogastrique est grande, ovale, arrondie en avant, dilatée en arrière où elle s'étend jusqu'au-dessus de l'anus, séparée en avant de l'épistome par une bande de derme plissé deux fois plus large que longue. Cette plaque porte quatre bandes longitudinales, parallèles, de fovéoles en rosaces très-régulières, les deux bandes intermédiaires ayant environ quatre rangs de fovéoles, les latérales trois seulement; le rebord interne de chaque bande est épais, saillant, dentelé, tandis que les fovéoles du bord externe sont beaucoup moins nettes que celles du bord interne. Les rosaces (pl. IV, fig. 2 *d*), examinées à un fort grossissement, présentent la disposition figurée par LOHMANN (*Plankton-Exped.*, *Halacaridæ*, pl. VI, fig. 4—9), c'est-à-dire qu'elles ont l'apparence d'un pore central plus grand, entouré de 8 à 9 pores plus petits reliés au pore central par des canaux rayonnants et visibles par transparence en faisant varier la vis du microscope. — DESSOUS (pl. IV, fig. 2 *a*), la plaque sternale est grande, échancrée en avant par l'ouverture du camérostome, entièrement couverte de sculptures en rosaces semblables à celles de la face inférieure du rostre. Les plaques axillaires portent une sculpture semblable. La plaque ventrale ou génitale est ovale, à bord antérieur presque droit, à bord postérieur portant le tubercule anal, couverte de sculptures en rosaces sur toute sa surface, sauf entre l'organe génital et l'anus. Le cadre génital est en forme de parallélogramme très-allongé, un peu arrondi en avant et surtout en arrière; entouré, chez le mâle, d'une double couronne de poils assez courts, il ne porte, chez la femelle, comme d'ordinaire, que trois paires de poils régulièrement disposées.

PATTES. — Les pattes antérieures sont à peine un peu plus fortes que celles de la 2e paire. A toutes les pattes les soies sont grêles et réduites à leur nombre normal le plus simple : il n'y a pas trace de poils pinnatifides. Les deux poils internes du triangle, à la face ventrale du 5e article des pattes antérieures, sont courts et robustes, simplement épineux. La sculpture de la cuirasse est très-faiblement indiquée sur les articles basilaires des deux premières paires. Le tarse présente une gouttière unguéale courte ou rudimentaire[1] aux pattes antérieures; cette gouttière est plus développée aux pattes postérieures (pl. IV, fig. 2 *e*), et porte une seule paire de soies. Les griffes sont grandes, fortement recourbées, avec dent accessoire bien développée, fortement pectinées et munies d'une dent médiane bifide, formant l'extrémité de la tige du tarse.

La couleur est généralement d'un blanc corné, transparent, l'intestin ne contenant presque jamais d'aliments fortement colorés (comme c'est au contraire le cas chez *Hal. Fabriciusi*).

Dimensions. — Long. tot. : 0 millim. 50.

HABITAT. — Comme je l'ai indiqué dans ma première note, cette élégante espèce a été récoltée à l'Ouest et près de

(1) Les spécimens de l'Océan (Marennes, Arcachon), tous femelles, n'ont qu'une simple échancrure à la place de cette gouttière, bien marquée sur le spécimen mâle de Granville.

Granville, par 1 à 9 mètres au-dessous du niveau des plus basses marées. — On devra la rechercher surtout dans les parcs à Huîtres (eaux tranquilles); en effet, sur les côtes de l'Océan je ne l'ai rencontrée que dans l'eau des Huîtres de Marennes et d'Arcachon transportées à Paris pour la consommation.

9. Halacarus gracilipes Trt.

Lavage de fauberts, région d'Omonville-la-Rogue, par 30 mètres; — lavage d'Algues, dans la zone du balancement des marées, partie orientale de l'anse de Saint-Martin, etc. — Comme je l'ai déjà montré, cette petite espèce est une des plus répandues, à toutes les profondeurs.

10. Halacarus gibbus britannicus Trt.

Lavage de Corallines de la zone du balancement des marées, anse de Saint-Martin, près du port Racine ou port des Vaux.

11. Halacarus oculatus Hodge.

Cette espèce semble assez rare sur les Corallines de l'anse de Saint-Martin (même récolte que l'espèce précédente).

Halacarus lamellosus Lohmann.

(Pl. V, fig. 1).

1893. *Halacarus lamellosus* Lohmann, *Ergebn. Plankton-Exp.* (*Halacaridæ*), p. 79, pl. 6, fig. 1—9; pl. 7, fig. 1—4; — 1901. Le même, *Das Tierreich* (*Halacaridæ*), p. 299.

Les exemplaires de la Manche que je possède de cette rare espèce étaient restés confondus avec ceux d'*Hal. tabellio*, espèce décrite dans ma première note. Ils proviennent de

Saint-Vaast-la-Hougue, où ils ont été dragués par M. MALARD, et auraient dû, par conséquent, être décrits dans ma seconde note, relative à la faune de cette région orientale du Cotentin.

M. LOHMANN a décrit le type de la façon suivante :

« Espèce fortement cuirassée. Plaque notogastrique très-allongée, joignant presque la plaque de l'épistome. Plaques oculaires à trois cornées peu nettement limitées; ces plaques se terminent postérieurement en pointe, mais sans prolongement cauliforme. Les pattes, qui portent les soies caractéristiques du groupe, sont dépourvues de poils pinnatifides, mais l'extrémité distale des 3e, 4e et 5e articles porte des expansions lamelleuses qui, dans la flexion, protègent l'articulation voisine en l'engaînant. En outre, à la face ventrale du 3e article de la première paire il existe une crête lamelleuse très-développée. Les griffes sont dépourvues de peigne. Le dernier article des palpes est très-long et mince (ayant presque la moitié de la longueur totale du palpe). La plaque notogastrique porte deux bandes longitudinales de pores profonds, disposés en rosaces et s'ouvrant par une fine ouverture à la surface (*Plankt.-Exp.*, pl. VI, fig. 4 et 5)[1] ».

Dans le *Tierreich*, LOHMANN caractérise l'espèce dans les termes suivants :

« Semblable à *Hal. tabellio*, mais l'hypostome formant un angle moins aigu et le bord antérieur de la base du rostre se prolongeant en pointe arrondie au-dessus de la tige des mandibules... — Long. tot. : 0 millim. 25 à 30 ».

Les exemplaires de la Manche dragués par M. MALARD ressemblent beaucoup, comme le montre notre figure (pl. V, fig. 1), au type de LOHMANN, mais les lamelles des pattes antérieures, si bien figurées par LOHMANN (*Plankton-Exp.*,

(1) Une disposition analogue se retrouve, comme nous l'avons dit, sur la cuirasse d'*H. glyptoderma*.

loc. cit., pl. VII, fig. 1), sont rudimentaires, bien qu'il soit facile de constater leur présence à un fort grossissement. Nous savons, par ce qui se passe sur d'autres espèces (*Hal. gibbus*, *H. Chevreuxi*, par exemple), combien le développement de ces appendices dermiques est variable suivant les individus et surtout les localités. On ne doit donc pas s'étonner que ces lamelles soient beaucoup plus développées sur le type de LOHMANN, provenant des régions les plus chaudes de l'Atlantique, que sur les spécimens de nos régions tempérées (côtes de la Manche). Par ailleurs, le caractère des fovéoles de la cuirasse, la forme des plaques oculaires, du rostre, des palpes, etc., concordent parfaitement avec la description et la figure de LOHMANN. La taille de nos spécimens semble un peu supérieure; long. tot. : 0 millim. 33.

HABITAT. — Dragué sur *Lithothamnion coralloïdes* à Saint-Vaast-la-Hougue (par 3° de long. et 49°,30'' de lat. Nord), par M. MALARD, sous-directeur du Laboratoire de Zoologie maritime de l'île Tatihou. — M. LOHMANN a décrit le type d'après des spécimens provenant des Bermudes, de l'embouchure de l'Amazone et des côtes d'Australie (Sydney), où il vit sur les Algues, les Ascidies, les Alcyonnaires et les Bryozoaires.

12. **Halacarus Fabriciusi** LOHMANN [1].

Lavage de Corallines de la zone du balancement des marées, anse de Saint-Martin, près du port Racine ou port des Vaux.

Genre **Lohmannella** TROUESSART, 1901.

1863. *Leptognathus* HODGE (1863, nec SWAINSON, 1839).

(1) On se demande pourquoi, dans le *Tierreich* (l. c., p. 299), M. LOHMANN a éloigné cette espèce typique des *H. loricatus* et *H. glyptoderma* qui en sont voisins. On a conservé ici l'ordre du *Tierreich*.

1901. *Trouessartella* LOHMANN (*Das Tierreich*, 1901, p. 303, nec COSSMANN, 1899).

Le nom de genre *Trouessartella* étant préoccupé, nous proposons de le changer en *Lohmannella*, dédiant le genre à M. H. LOHMANN, auteur de la première Monographie des Halacaridés.

13. **Lohmannella falcata** HODGE.

Leptognathus falcatus HODGE et *Auctorum*.

Leptognathus marinus LOHMANN (1888).

Lavage de fauberts, région d'Omonville-la-Rogue, par 30 mètres de profondeur (un seul spécimen)[1].

14. **Lohmannella Kervillei** TRT.

Leptognathus Kervillei TROUESSART (1894).

Lavage de fauberts, fosse de la Hague, par 75—105 mètres de profondeur; — lavage de Corallines de la zone du balancement des marées, anse de Saint-Martin, près du port Racine ou port des Vaux.

(1) Au cours d'une récente excursion sur les côtes du Finistère (à Saint-Guénolé, Penmarch), j'ai constaté que cette espèce est *très-commune* sous les plaques de petites Moules fixées aux rochers dans la zone du balancement des marées. *L. Kervillei* s'y trouve également, mais semble plus rare.

APPENDICE

Au moment où je corrige les épreuves de cette Note, je trouve, confondu avec de nombreux spécimens de *Rhombognathus pascens*, un seul individu qui appartient à une espèce voisine, mais bien distincte, que je caractérise ainsi :

Rhombognathus exoplus, *nov. sp.* — Semblable à *Rh. pascens*, mais les griffes de toutes les pattes *dépourvues du petit ongle médian*, en forme de crochet, que cette espèce porte aux deux paires de pattes antérieures. Peigne transversal des griffes moins large, surtout en dehors, non dilaté en forme d'aile, chaque râteau n'ayant que 10 à 11 dents. Épistome *arrondi,* recouvrant les deux tiers du rostre ; celui-ci renflé sur les côtés comme chez *Rh. magnirostris.* Abdomen *arrondi* ou coupé carrément, avec l'*anus infère*, sous forme de fente longitudinale, immédiatement en arrière du cadre génital. Taille de *Rh. pascens.*

Sur les Corallines de l'anse de Saint-Martin (région d'Omonville-la-Rogue). Cette espèce nouvelle porte à 15 le chiffre des espèces récoltées dans cette troisième campagne.

ERRATUM

Dans ma *Note sur les Acariens marins* (*Halacaridæ*) *récoltés par M. Henri Gadeau de Kerville sur le littoral du département du Calvados et aux îles Saint-Marcouf* (*Manche*) (*juillet-septembre 1894*) (1898) :

Page 430, ligne 2 (à partir du bas de la page),
au lieu de « plaque ovale », lire « plaque anale ».

EXPLICATION DES FIGURES

Planche IV.

1. *Halacarus loricatus*, face dorsale.................. × 150
1 *a*. *id.* face ventrale.................. × 150
1 *b*. *id.* rostre, face ventrale........... × 335
1 *c*. *id.* tarse, 1re paire....... .... × 545
2. *Halacarus glyptoderma*, face dorsale............... × 128
2 *a*. *id.* femelle, face ventrale...... × 65
2 *b*. *id.* rostre, face ventrale....... × 225
2 *c*. *id.* lame de la mandibule...... × 550
2 *d*. *id.* sculpture de la plaque noto-gastrique............. × 635
2 *e*. *id.* tarse, 3^e^ paire .. .. × 465

Planche V.

1. *Halacarus lamellosus*, face dorsale .... × 130
2. *Agaue brevipalpus*, face dorsale .... × 75
2 *a*. *id.* rostre, face ventrale............ × 270
2 *b*. *id.* tarse, 1re paire.................. × 458
2 *c*. *id.* tarse, 2e paire... .... × 458
2 *d*. *id.* appareil génital mâle............ × 354
2 *e*. *id.* appareil génital femelle.......... × 354

Pl. IV.

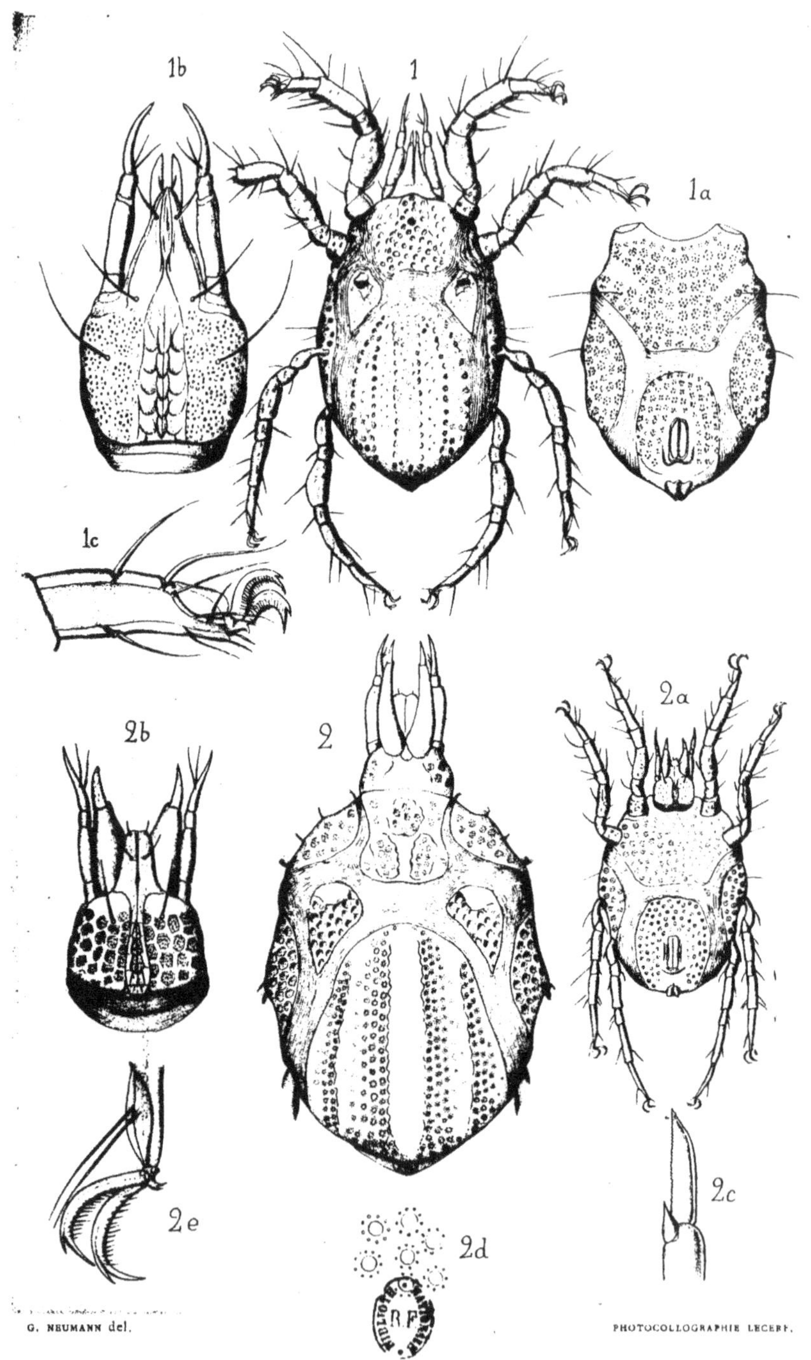

G. NEUMANN del.

PHOTOCOLLOGRAPHIE LECERF.

1–1 c. HALACARUS LORICATUS Lohm. — 2–2 e. HALACARUS GLYPTODERMA Trt.

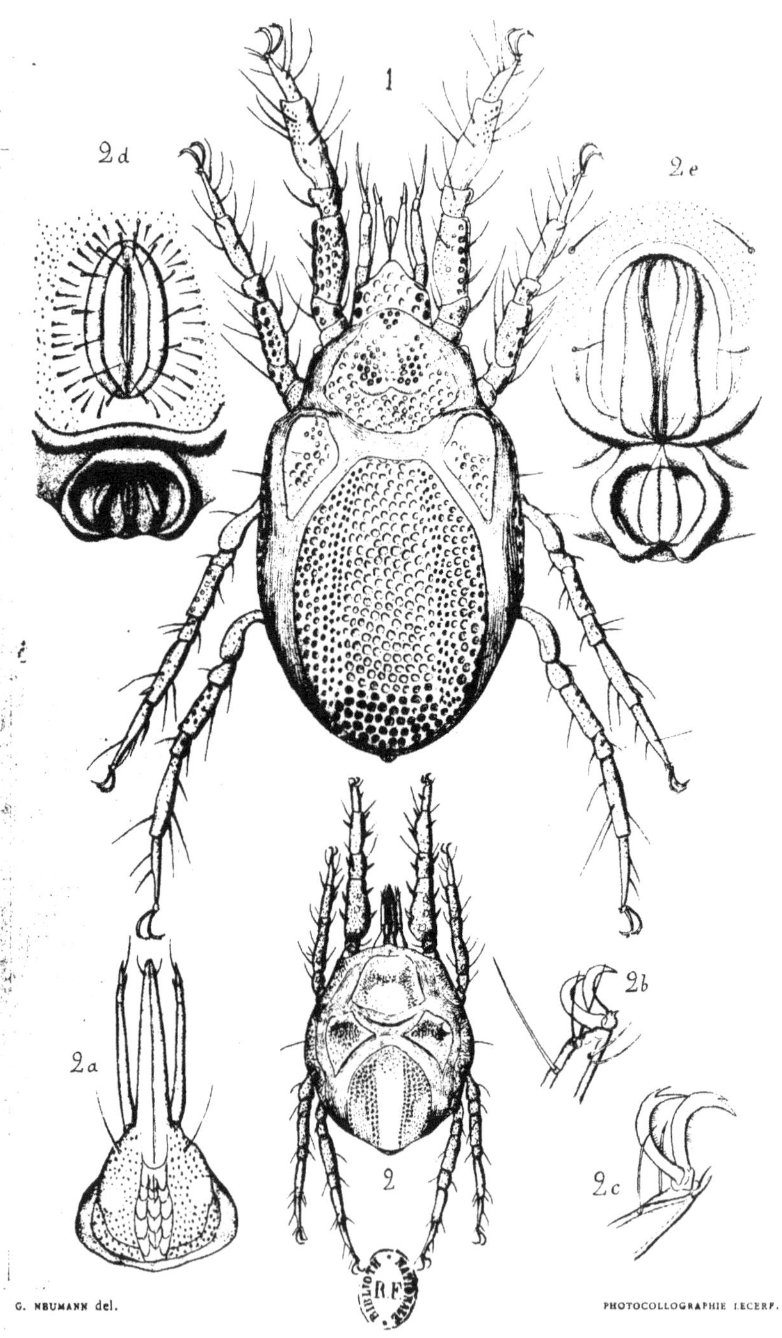

G. NEUMANN del. PHOTOCOLLOGRAPHIE LECERF.

1. HALACARUS LAMELLOSUS Lohm. — 2–2e. AGAUE BREVIPALPUS Trt.

SUPPLÉMENT

aux comptes-rendus de mes deux précédents voyages zoologiques sur le littoral de la Normandie

(Région de Granville et îles Chausey (Manche) (juillet-août 1893)
et région de Grandcamp-les-Bains (Calvados)
et îles Saint-Marcouf (Manche) (juillet-septembre 1894)

Depuis la publication de ces deux comptes-rendus (op. cit.), je suis entré en possession de renseignements qu'il convient de faire connaître, et que j'indique dans les pages suivantes. J'ai déjà publié, dans le compte-rendu de mon second voyage (op. cit., p. 435), un supplément au compte-rendu du premier.

Recherches sur les faunes marine et maritime de la Normandie (1er voyage)

Région de Granville et îles Chausey (Manche)

Page 99, ligne 15, ajouter, avant l'énumération des Vers, la liste suivante de Bryozoaires :

BRYOZOAIRES

(20 espèces)

Je dois à M. Louis Calvet la détermination de ces Bryozoaires.

Pedicellina cernua (Pall.). — Iles Chausey, dans la zone des marées.

Diastopora suborbicularis Hcks. — Région de Granville, entre 1 et 15 mètres de profondeur, sur une valve de Pélécypode.

Diastopora patina (Lm.). — Région de Granville, entre 1 et 15 mètres de profondeur, sur une valve de Pélécypode.

Tubulipora flabellaris (O. Fabr.). — Région de Granville, entre 1 et 15 mètres de profondeur, sur des valves de Pélécypodes.

Cellepora Costazi Sav. — Région de Granville, entre 1 et 15 mètres de profondeur.

Cellepora pumicosa L. — Région de Granville, entre 1 et 15 mètres de profondeur, sur des algues.

Schizotheca divisa (Norm.). — Région de Granville, entre 1 et 15 mètres de profondeur, sur une valve de Pélécypode.

Schizotheca fissa (Busk). — Région de Granville, entre 1 et 15 mètres de profondeur, sur une valve de Pélécypode.

Mucronella coccinea (Abildg.). — Région de Granville, entre 1 et 15 mètres de profondeur, sur des valves de Pélécypodes, très-commun.

Mucronella variolosa (Johnst.). — Région de Granville, entre 1 et 15 mètres de profondeur, sur une valve de Pélécypode.

Schizoporella sinuosa (Busk). — Région de Granville, entre 1 et 15 mètres de profondeur, sur une valve de Pélécypode.

Schizoporella linearis (Hassall). — Région de Granville, entre 1 et 15 mètres de profondeur, sur des valves de Pélécypodes.

Chorizopora Brongniarti (Aud.). — Région de Granville, entre 1 et 15 mètres de profondeur, sur des valves de Pélécypodes, très-commun.

Microporella ciliata (Pall.). — Région de Granville, entre 1 et 15 mètres de profondeur, sur des valves de Pélécypodes, très-commun.

Microporella Malusi (Aud.). — Région de Granville, entre 1 et 15 mètres de profondeur, sur une valve de Pélécypode.

Membranipora Dumerili (Aud.). — Région de Granville, entre 1 et 15 mètres de profondeur, sur une valve de Pélécypode.

Membranipora reticulum (L.). — Région de Granville, entre 1 et 15 mètres de profondeur, sur des valves de Pélécypodes et des coquilles de Gastéropodes, très-commun.

Beania mirabilis Johnst. — Iles Chausey, dans la zone des marées.

Scrupocellaria reptans (L.). — Iles Chausey, dans la zone des marées.

Eucratea chelata (L.). — Iles Chausey, dans la zone des marées.

Recherches sur les faunes marine et maritime de la Normandie (2e voyage)

Région de Grandcamp-les-Bains (Calvados) et îles Saint-Marcouf (Manche)

Page 348, ligne 10 en remontant, ajouter :

Caprella erethizon P. Mayer, **nov. sp.** — Iles Saint-Marcouf, dans la zone des marées. Voir, au sujet de cette espèce nouvelle, le savant mémoire de M. Paul Mayer, inséré ci-avant dans ce fascicule (p. 239).

Page 364, ligne 3 :

Orthocladius Kervillei Kieff., **nov. sp.**

Sous le nom d'*Orthocladius* (*sp.?*) j'ai parlé, dans le compte-rendu en question, d'un Diptère et décrit et figuré sa larve (p. 364 et fig. 5). N'ayant pu obtenir, ni de M. Josef Mik, ni de M. J.-C.-H. de Meijere, la détermination spécifique des insectes parfaits que je leur avais communiqués, j'envoyai ces insectes et les larves à l'éminent entomologiste M. J.-J. Kieffer, qui reconnut en eux une nouvelle espèce et me fit l'honneur de me la dédier. Je crois bon de reproduire en entier ici ce que M. Kieffer a publié, relativement à cette espèce nouvelle, dans les Annales de la Société entomologique de France (op. cit., ann. 1899, p. 821 et fig. 1).

« *Orthocladius Kervillei nov. sp.* — M. Henri Gadeau de Kerville, à qui je dédie cet insecte, a donné à son sujet les renseignements suivants : « A Maisy (Calvados), dans » un parc à huîtres abandonné, j'ai trouvé en quantité des » larves de Diptère dans un compartiment où l'eau renfer- » mait 2,4 0/0 de chlorure de sodium. Ces larves avaient » toutes la même configuration, mais les unes étaient » rouges et les autres d'un jaune-verdâtre. J'en mis de » suite dans l'alcool nombre de spécimens et j'en rapportai » une certaine quantité de vivants, afin de tâcher d'obtenir » l'insecte à l'état parfait, pour connaître l'espèce (ou les » deux espèces). Ayant eu l'éclosion de quelques imagos, » je les adressai à M. Josef Mik, en le priant de vouloir » bien m'en faire savoir le nom. Il me répondit que les » insectes parfaits que j'avais obtenus de larves différem- » ment colorées étaient de la même espèce, dont il ne put » me donner la détermination rigoureuse. Ensuite, ces Chi- » ronomidés furent remis à M. J.-C.-H. de Meijere, qui m'a

» informé n'avoir pu trouver de différence dans mes in-
» sectes obtenus de larves rouges et de larves d'un jaune-
» verdâtre, et que ces Diptères appartiennent au genre
» *Orthocladius*. « Je ne puis, m'a-t-il écrit, les attribuer à
» une espèce distincte, les espèces assez nombreuses de ce
» genre étant, pour la plupart, caractérisées par les couleurs,
» qui sont devenues fort douteuses par la conservation dans
» l'alcool ». (*Recherches sur les faunes marine et maritime de la Normandie, 2e voyage*, Bull. Soc. Amis Scienc. natur. Rouen, 2e sem. 1897, p. 364). M. Henri Gadeau de Kerville m'ayant envoyé larves et insectes parfaits, j'ai pu me convaincre que cet insecte présente des caractères qui ne sont connus d'aucun autre du même genre. Quant à la diversité de coloration des larves, je l'attribue à la diversité du sexe. Le tube portant la mention : « insectes éclos de » larves d'un jaune-verdâtre » contenait huit femelles ; l'autre, avec l'observation : « insectes éclos de larves rouges et » peut-être aussi de larves d'un jaune-verdâtre », renfermait deux mâles et trois femelles.

» *Larve*. — Elle offre la conformation générale de celles de ce groupe que l'on connaît jusqu'à présent. Tête sans yeux, comme chez *Wulpiella*, mais avec deux petits ocelles noirâtres de chaque côté. Les deux mâchoires sont armées de 4—5 dents et munies de longs poils jaunes dans leur tiers supérieur, et d'une agglomération de poils de même couleur au côté interne de leur base. Les soies dorsales, latérales, etc., sont réparties comme chez *Wulpiella scirpi* Kieff. (voir *Illustrierte Zeitschrift für Entomologie*, 1899, p. 372-374, fig. 2—4), mais elles sont relativement plus longues. Les deux soies dorsales internes du dernier segment sont deux fois aussi longues que les quatre appendices hyalins, tandis que les deux externes n'atteignent que le sixième de la longueur des internes. Les mamelons sétigères du dernier segment non prolongés en un long cône, comme chez *Wulpiella*, mais seulement aussi hauts que larges, avec deux soies peu longues, sur leur côté, et terminés par un faisceau de neuf poils jaunes, très-longs et subégaux; chez *Wulpiella*, ce faisceau se compose de six poils dont trois sont deux fois aussi longs que les autres. Antennes de cinq articles; les trois derniers très-étroits; à la base du troisième se voit une soie hyaline, dont la longueur égale celle des trois derniers articles réunis. Les deux pseudopodes antérieurs sont distincts l'un de l'autre et couverts de crochets très-denses, chitineux et presque sétiformes; chez *Wulpiella*, il n'y a qu'un seul pseudopode antérieur, qui est muni de poils jaunâtres et peu abondants. Les pseudopodes postérieurs s'écartent obliquement de la ligne du corps; quant au reste, ils sont semblables à ceux de *Wulpiella*, c'est-à-dire bordés à leur extrémité d'appendices chitineux, dont ceux du dessous sont repliés, conformés en spatule et échancrés en croissant à leur bout, tandis que ceux du dessus sont dressés, arqués et munis d'une forte dent à leur base.

» *Imago*. — Couleur claire; article basal des antennes, quatre bandes du thorax, milieu de la poitrine et métathorax bruns. Les deux bandes médianes du thorax sont très-rapprochées et ne laissent qu'une ligne longitudinale entre elles; les externes sont raccourcies en avant. Dessus de l'abdomen avec ou sans bandes brunes. Chez quelques femelles, le bord antérieur des segments abdominaux est muni, de chaque côté, de deux traits transversaux, courts et noirs. Balanciers blancs. Plumet du mâle d'abord blanc (chez un exemplaire qui n'était pas encore entièrement dégagé de son enveloppe de nymphe), plus tard sombre.

» Palpes de quatre articles, dont le premier est un peu plus long que gros, le 2ᵉ et le 3ᵉ subégaux, et trois à quatre fois aussi longs que gros, le dernier environ sept fois aussi long que gros. Antennes du mâle de 1 + 13 articles; les douze premiers articles du funicule peu distincts et un peu plus larges que longs; le 13ᵉ à peine élargi avant l'extrémité, un peu plus long que les précédents réunis; les rangées de poils formant le plumet existent sur le côté externe de tous les articles du funicule, mais manquent sur le côté interne; elles ne forment donc pas de verticilles.

» Antennes de la femelle composées de 1 + 6 articles; le premier du funicule est rétréci au milieu, articulé au second et non soudé avec lui comme chez d'autres espèces de ce genre; les autres sont subcylindriques; les trois premiers du funicule sont presque deux fois aussi longs que gros, les deux suivants une fois et quart, et le dernier, qui s'amincit insensiblement jusqu'au bout, est quatre fois aussi long que gros et sans verticille. Vers leur milieu, les articles 1 à 5 du funicule sont munis d'un verticille composé de quatre soies n'atteignant pas le double de la longueur de l'article; les soies de l'avant-dernier article n'atteignent que le milieu du dernier article. Ces mêmes articles sont munis en outre, vers leur tiers supérieur, de deux appendices hyalins, subuliformes, opposés l'un à l'autre et n'atteignant que la moitié de la longueur des soies.

» Métatarse des pattes antérieures égalant les deux tiers de la longueur du tibia. Crochets des tarses simples, faiblement arqués, un peu plus longs que la pelote qui est très-étroite et filiforme. Ailes à nervation comme chez *Wulpiella* (voir *Bull. Soc. entomol. France*, 1899, p. 67, fig. 1), mais la bifurcation de la 5e nervure a lieu au delà de la nervure transversale, tandis que chez *Wulpiella* elle se trouve en dessous d'elle (la base de la cubitale sortant de la sous-costale sous forme de minime nervure transversale a été omise dans cette figure); en outre, le cubitus est distinctement séparé de la costale jusqu'à l'endroit où il se réunit à cette dernière, ce qui n'est pas le cas pour *Wulpiella;* la forme alaire est un peu plus élargie et la surface est tout à fait nue, c'est-à-dire même sans soies microscopiques. Les autres *Orthocladius* que je connais, et dont les ailes sont dites « nues » par les divers auteurs, ont toujours la surface alaire couverte de soies dressées, denses et microscopiques ; parfois ces soies sont tellement courtes, que l'aile pourrait être dite « ponctuée ». Bord inférieur insensiblement rétréci à sa base.

» L'article basal de la pince du mâle est muni d'un prolongement hyalin, en forme de lobe, à la partie interne de sa base ; l'article terminal ou ongle est en massue et armé à son extrémité d'une minime pointe hyaline, en dessous de laquelle il est distinctement échancré (fig. 1) [1]. Chez la femelle, les deux lamelles, vues de côté, sont subréniformes, deux fois aussi hautes que larges. — Taille 3 3/4 mill. ».

Fig. 1.

Page 372, ligne 1, ajouter, avant l'énumération des Vers, la liste suivante de Bryozoaires :

BRYOZOAIRES

(20 espèces et 1 variété d'une espèce comprise dans les précédentes)

La détermination de ces Bryozoaires m'a été faite par M. Louis Calvet.

Barentsia gracilis (Sars). — Région de Grandcamp-les-Bains, entre 0 m. 30 et 18 mètres de profondeur, sur des *Scrupocellaria scruposa* (L.) et sur un Polype hydroïde.

Alcyonidium gelatinosum (L.). — Région de Grandcamp-les-Bains, entre 0 m. 30 et 18 mètres de profondeur.

Flustrella hispida (O. Fabr.). — Iles Saint-Marcouf, sur des algues de la zone des marées.

(1) Le cliché de cette figure m'a été obligeamment prêté par la Commission de publication de la Société entomologique de France, à laquelle j'exprime mes bien vifs remerciements. [H. G. de K.].

Valkeria uva (L.). — Iles Saint-Marcouf, dans la zone des marées, sur des *Bicellaria ciliata* (L.), et près des îles Saint-Marcouf, entre 10 et 23 mètres de profondeur, sur des *Bugula flabellata* (Thomps.).

Vesicularia spinosa (L.). — Près des îles Saint-Marcouf, entre 10 et 23 mètres de profondeur.

Crisia denticulata M.-E. — Région de Grandcamp-les-Bains, entre 0 m. 30 et 18 mètres de profondeur.

Crisia cornuta (L.). — Iles Saint-Marcouf, dans la zone des marées, sur des *Bugula turbinata* Ald.

Schizoporella auriculata (Hassall). — Région de Grandcamp-les-Bains, entre 0 m. 30 et 18 mètres de profondeur, sur des valves de Pélécypodes.

Chorizopora Brongniarti (Aud.). — Région de Grandcamp-les-Bains, entre 0 m. 30 et 18 mètres de profondeur, sur une valve de Pélécypode.

Membranipora pilosa (L.). — Région de Grandcamp-les-Bains, sur des algues de la zone des marées.

Membranipora pilosa (L.) **var. dentata** Hcks. — Iles Saint-Marcouf, sur des algues de la zone des marées.

Flustra papyracea Ell. et Sol. — Près des îles Saint-Marcouf, entre 10 et 23 mètres de profondeur.

Flustra foliacea L. — Région de Grandcamp-les-Bains, entre 0 m. 30 et 18 mètres de profondeur.

Bugula plumosa (Pall.). — Région de Grandcamp-les-Bains, entre 0 m. 30 et 18 mètres de profondeur.

Bugula turbinata Ald. — Région de Grandcamp-les-Bains, entre 0 m. 30 et 18 mètres de profondeur ; dans la zone des marées aux îles Saint-Marcouf, et près de ces îles, entre 10 et 23 mètres de profondeur.

Bugula flabellata (Thomps.).— Région de Grandcamp-les-Bains, entre 0 m. 30 et 18 mètres de profondeur, et près des îles Saint-Marcouf, entre 10 et 23 mètres de profondeur.

Bicellaria ciliata (L.). — Région de Grandcamp-les-Bains, entre 0 m. 30 et 18 mètres de profondeur; dans la zone des marées aux îles Saint-Marcouf, et près de ces îles, entre 10 et 23 mètres de profondeur.

Scrupocellaria scrupea Busk. — Région de Grand-camp-les-Bains, entre 0 m. 30 et 18 mètres de profondeur.

Scrupocellaria scruposa (L.). — Région de Grand-camp-les-Bains, entre 0 m. 30 et 18 mètres de profondeur.

Scrupocellaria reptans (L.). — Iles Saint-Marcouf, dans la zone des marées.

Eucratea chelata (L.). — Iles Saint-Marcouf, dans la zone des marées, sur des *Bugula turbinata* Ald., et près de ces îles, entre 10 et 23 mètres de profondeur, sur des *Vesicularia spinosa* (L.).

LISTE DES PUBLICATIONS

indiquées, dans ce compte-rendu, sous la rubrique de : op. cit.

Carte géologique détaillée de la France, feuille des Pieux (*Manche*), *n°* 16, Paris, Erhard frères, 1901.

L. DUPONT. — *Les Zygènes de la Normandie,* dans le Bull. de la Soc. d'Étude des Scienc. natur. d'Elbeuf, ann. 1899, p. 49; tiré à part, Elbeuf, Allain, 1900, (pagination spéciale).

Henri GADEAU DE KERVILLE. — *Recherches sur les faunes marine et maritime de la Normandie,* 1er *voyage, région de Granville et îles Chausey* (*Manche*), *juillet-août* 1893, *suivies de deux travaux d'Eugène Canu et du Dr E. Trouessart sur les Copépodes et les Ostracodes marins et sur les Acariens marins récoltés pendant ce voyage,* avec 11 planches et 7 figures dans le texte; 2e *voyage, région de Grandcamp-les-Bains* (*Calvados*) *et îles Saint-Marcouf* (*Manche*), *juillet-septembre* 1894, *suivies de deux mémoires d'Eugène Canu et du Dr E. Trouessart sur les Copépodes et les Ostracodes marins des côtes de Normandie et sur les Acariens marins récoltés pendant ce voyage, et d'un supplément au compte-rendu de son voyage zoologique dans la région de Granville et aux îles Chausey* (*Manche*), *en juillet-août* 1893, avec 12 planches et 5 figures dans le texte; dans le Bull. de la Soc. des Amis des Scienc. natur. de Rouen, 1er sem. 1894, p. 53, et 2e sem. 1897, p. 309; tirés à part, Paris, J.-B. Baillière et fils, 1894 et 1898, (même pagination que celle du Bulletin).

Henri GADEAU DE KERVILLE. — *Faune de la Normandie, fascicule IV, Reptiles, Batraciens et Poissons; Supplé-*

ment aux Mammifères et aux Oiseaux, et Liste méthodique des Vertébrés sauvages observés en Normandie, avec 2 planches en noir, dans le Bull. de la Soc. des Amis des Scienc. natur. de Rouen, 2e sem. 1896, p. 145; tiré à part, avec 4 planches en noir, Paris, J.-B. Baillière et fils, 1897, (même pagination).

Henri GADEAU DE KERVILLE. — *Note sur la faune de la fosse de la Hague* (*Manche*), dans le Bull. de la Soc. zoologique de France, ann. 1900, p. 33; tiré à part, Paris, Siège de la Société, 1900, (même pagination).

Henri GADEAU DE KERVILLE. — *Description, par M. l'abbé J.-J. Kieffer, d'une nouvelle espèce de Diptère marin de la famille des Chironomidés* (*Clunio bicolor*), *et renseignements sur cette espèce, découverte par M. Henri Gadeau de Kerville dans l'anse de Saint-Martin* (*côte septentrionale du département de la Manche*), *et trouvée par M. René Chevrel à Saint-Briac* (*Ille-et-Vilaine*), dans le Bull. de la Soc. des Amis des Scienc. natur. de Rouen, 2e sem. 1900, p. 72; tiré à part, Rouen, Julien Lecerf, 1900, (sans pagination).

Abbé J.-J. KIEFFER. — *Observations sur le groupe Chironomus, avec description de quelques espèces nouvelles*, avec 6 figures dans le texte, dans les Annal. de la Soc. entomologique de France, ann. 1899, p. 821 et fig. 1-6.

Règles de la nomenclature des Êtres organisés, adoptées par les Congrès internationaux de Zoologie (*Paris*, 1889; *Moscou*, 1892), dans les Mémoires de la Soc. zoologique de France, ann. 1893, p. 192; réimpression augmentée, Paris, Siège de la Société, 1895, (pagination spéciale).

ADDENDA

Les renseignements qui constituent cet addenda me sont parvenus après l'impression des pages où ils devaient être indiqués.

Page 165, ligne 15, colonne 1, ajouter : *Dulichia porrecta* Bate.

Page 184, ligne 8, ajouter à *Dulichia porrecta* Bate : Région d'Omonville-la-Rogue, entre 55 et 60 mètres environ de profondeur, et dans la fosse de la Hague, entre 85 et 105 mètres environ.

Page 192, ligne 10 en remontant, ajouter : **Rhombognathus exoplus** Trt., **nov. sp.** — Anse de Saint-Martin, dans la zone des marées.

ERRATUM

Page 194, ligne 8 en remontant, lire : (111 espèces et 7 variétés, dont six appartenant à six espèces non comprises dans les précédentes, et une dépendant de l'une des cent onze espèces en question), au lieu de : (112 espèces et 6 variétés, dont cinq appartenant à cinq espèces non comprises dans les précédentes, et une dépendant de l'une des cent douze espèces en question).

TABLE DU TEXTE

Pages

Préface 145

Récit sommaire du voyage 147

Résultats zoologiques du voyage 173

Note sur les Copépodes marins de la région d'Omonville-la-Rogue (Manche) et de la fosse de la Hague, par E. Canu et A. Cligny, Docteurs ès-sciences, Directeur et Sous-Directeur de la Station aquicole de Boulogne-sur-Mer 225

Description d'un Crustacé amphipode nouveau de la famille des *Stenothoidæ* (*Parametopa Kervillei nov. gen. et sp.*), capturé au moyen d'une nasse, par M. Henri Gadeau de Kerville, dans la région d'Omonville-la-Rogue (Manche), avec une planche en photocollographie, par Éd. Chevreux 231

Description d'une nouvelle espèce de Crustacé amphipode de la famille des Caprellidés (*Caprella erethizon*), avec trois figures dans le texte, par Paul Mayer 239

Note sur les Acariens marins (*Halacaridæ*) récoltés par M. Henri Gadeau de Kerville dans la région d'Omonville-la-Rogue (Manche) et dans la fosse de la Hague (juin-juillet 1899), par le Docteur E. Trouessart, avec deux planches en photocollographie, faites sur les dessins de M. G. Neumann, Professeur à l'École vétérinaire de Toulouse. 247

Supplément aux comptes-rendus de mes deux précédents voyages zoologiques sur le littoral de la Normandie (Région de Granville et îles Chausey (Manche) (juillet-août 1893), et région de Grandcamp-les-Bains (Calvados) et îles Saint-Marcouf (Manche) (juillet-septembre 1894). 267

Pages

Liste des publications indiquées, dans ce compte-rendu, sous la rubrique de : op. cit. 277

Addenda et Erratum. 279

Nombre de pages de ce compte-rendu : **142**

TABLE DES PLANCHES

ET DES FIGURES DANS LE TEXTE

PLANCHES

Pages

Pl. II. — Carte schématique montrant, par une teinte rose, les endroits que j'ai explorés 152

Pl. III. — *Parametopa Kervillei* Éd. Chevr. 238

Pl. IV. — *Halacarus loricatus* Lohm. et *Halacarus glyptoderma* Trt. 266

Pl. V. — *Halacarus lamellosus* Lohm. et *Agaue brevipalpus* Trt. 266

FIGURES DANS LE TEXTE

Fig. 1. — Nasse en bois. 171

Fig. 2. — Nasse en toile métallique 172

Fig. 1. — *Caprella erethizon* P. Mayer, mâle 240

Fig. 2. — *Caprella erethizon* P. Mayer, femelle . . . 240

Fig. 3. — Bras gauche de cette dernière 241

Fig. 1. — Partie terminale de la pince du mâle de l'*Orthocladius Kervillei* Kieff. . . . 274

MATIÈRE & MOUVEMENT
HGK
TOUT POUR L'HUMANITÉ

ROUEN. — IMPRIMERIE JULIEN LECERF.

MATIÈRE & MOUVEMENT
HGK
TOUT POUR L'HUMANITÉ

www.ingramcontent.com/pod-product-compliance
Lightning Source LLC
LaVergne TN
LVHW012000220826
846092LV00001B/218
9782329812519